青少年科学探索第一读物

全彩版

文绚◎编

改变人类生活的
发明

GAIBIAN RENLEI SHENGHUO DE FAMING

探索未知
发现未来

甘肃科学技术出版社

图书在版编目（CIP）数据

改变人类生活的发明 / 文绚编 . —兰州：甘肃科
学技术出版社，2013. 4
　　（青少年科学探索第一读物）
ISBN 978-7-5424-1793-0

Ⅰ . ①改… Ⅱ . ①文… Ⅲ . ①创造发明—青年读物②
创造发明—少年读物Ⅳ . ① N19-49

中国版本图书馆 CIP 数据核字 (2013) 第 067306 号

责任编辑　左文绚（0931-8773238）
封面设计　晴晨工作室
出版发行　甘肃科学技术出版社（兰州市读者大道 568 号　0931-8773237）
印　　刷　北京中振源印务有限公司
开　　本　700mm×1000mm　1/16
印　　张　10
字　　数　153 千
版　　次　2014 年 10 月第 1 版　2014 年 10 月第 2 次印刷
印　　数　1~3000
书　　号　ISBN 978-7-5424-1793-0
定　　价　29. 80 元

前 言

　　科学技术是人类文明的标志。每个时代都有自己的新科技，从火药的发明，到指南针的传播，从古代火药兵器的出现，到现代武器在战场上的大展神威，科技的发展使得人类社会飞速的向前发展。虽然随着时光流逝，过去的一些新科技已经略显陈旧，甚至在当代人看来，这些新科技已经变得很落伍，但是，它们在那个时代所做出的贡献也是不可磨灭的。

　　从古至今，人类社会发展和进步，一直都是伴随着科学技术的进步而向前发展的。现代科技的飞速发展，更是为社会生产力发展和人类的文明开辟了更加广阔的空间，科技的进步有力地推动了经济和社会的发展。事实证明，新科技的出现及其产业化发展已经成为当代社会发展的主要动力。阅读一些科普知识，可以拓宽视野、启迪心智、树立志向，对青少年健康成长起到积极向上的引导作用。青少年时期是最具可塑性的时期，让青少年朋友们在这一时期了解一些成长中必备的科学知识和原理是十分必要的，这关乎他们今后的健康成长。

　　科技无处不在，它渗透在生活中的每个领域，从衣食住行，到军事航天。现代科学技术的进步和普及，为人类提供了像广播、电视、电影、录像、网络等传播思想文化的新手段，使精神文明建设有了新的载体。同时，它对于丰富人们的精神生活，更新人们的思想观念，破除迷信等具有重要意义。

　　现代的新科技作为沟通现实与未来的使者，帮助人们不断拓展发展的空间，让人们走向更具活力的新世界。本丛书旨在：让青少年学生在成长中学科学、懂科学、用科学，激发青少年的求知欲，破解在成长中遇到的种种难题，让青少年尽早接触到一些必需的自然科学知识、经济知识、心理学知识等诸多方面。为他们提供人生导航、科学指点等，让他们在轻松阅读中叩开绚烂人生的大门，对于培养青少年的探索钻研精神必将有很大的帮助。

科技不仅为人类创造了巨大的物质财富，更为人类创造了丰厚的精神财富。科技的发展及其创造力，一定还能为人类文明做出更大的贡献。本书针对人类生活、社会发展、文明传承等各个方面有重要影响的科普知识进行了详细的介绍，读者可以通过本书对它们进行简单了解，并通过这些了解，进一步体会到人类不竭而伟大的智慧，并能让自己开启一扇创新和探索的大门，让自己的人生站得更高、走得更远。

本书融技术性、知识性和趣味性于一体，在对科学知识详细介绍的同时，我们还加入了有关它们的发展历程，希望通过对这些趣味知识的了解可以激发读者的学习兴趣和探索精神，从而也能让读者在全面、系统、及时、准确地了解世界的现状及未来发展的同时，让读者爱上科学。

为了使读者能有一个更直观、清晰的阅读体验，本书精选了大量的精美图片作为文字的补充，让读者能够得到一个愉快的阅读体验。本丛书是为广大科学爱好者精心打造的一份厚礼，也是为青少年提供的一套精美的新时代科普拓展读物，是青少年不可多得的一座科普知识馆！

目录 contents ————

第一章 **中国部分**

目录

CONTENTS

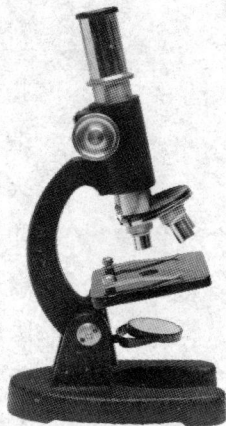

Part 1

中国部分

　　发明是新颖的技术成果，不是单纯仿制已有的器物或重复前人已提出的方案和措施。一项技术成果，如果在已有技术体系中能找到在原理、结构和功能上相同的地方，则不能叫做发明。四大发明是指中国古代对世界具有很大影响的四种发明，即造纸术、指南针、火药、活字印刷术。此说法最早由英国汉学家李约瑟提出并为后来许多中国的历史学家所继承，普遍认为这四种发明对中国古代的政治、经济、文化的发展产生了巨大的推动作用，且这些发明经由各种途径传至西方，对世界文明发展史产生了很大的影响。

指南针的发明故事

中国以"四大发明"著称于世，指南针就是其中之一。它对近代世界历史的发展产生了巨大影响。

没有中国的指南针，葡萄牙航海家巴托罗缪·狄亚斯就不能绕过好望角，进入印度洋；达·伽马就不可能抵达印度，发现那里的文明和宝藏；意大利航海家哥伦布就无法发现美洲新大陆，也就不会有当今的美国文明和美洲其他民族的文明；葡萄牙海员麦哲伦也就不可能做人类历史上第一次环球旅行，从而第一次用实践来证明地球是圆的；甚至，达尔文也不能在远洋探险中搜集那么多的古生物资料，以完成他的伟大的生物进化论学说……现在，在人类的航海事业中，已经有了更高级、更现代化的导航设备。但是，我们绝不应该忘记这些现代导航仪器的"鼻祖"——指南针（图1）。

在我们赖以生存的地球上，供人类居住和生息的陆地面积不到30%，剩下的70%都是茫茫的大海（图2）。

图1

人类在漫长的原始蒙昧时期，因缺乏辨别方向的有效工具，面对无边无际的大海，深感恐惧和无奈。在指南针传入欧洲之前，欧洲人一直把大海称为"恐怖的海洋"。

在遥远的古代，人们在白天往往靠观察太阳来确定方位，晚上可以找

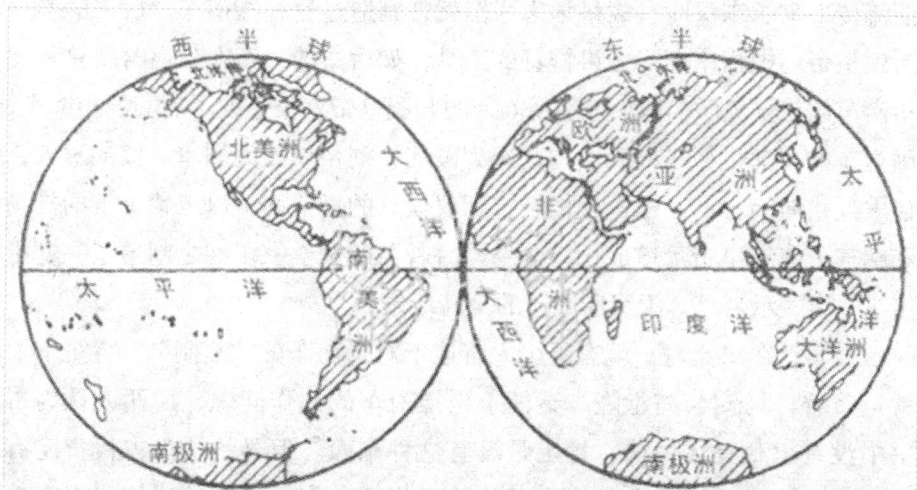

图2

到北极星来辨别方向，但阴雨天、大雾天该怎么办呢？正是因为无法满足这种日常生活的需要，促使人们不懈地去寻求一种在任何时候、任何地方都能使用的辨别方向的工具。

我国最早的指向工具是指南车（图3）。它不是用磁铁做成的，而是用结构相当复杂的齿轮机械来保持既定方向。相传，指南车是由大约4000多年前的黄帝发明的。当时，黄帝部落与蚩尤部落进行战争，蚩尤施妖术造出大雾，想在黄帝的兵马迷失方向时战胜他们。黄帝为了战胜蚩尤，就创造了指南车来指示方向。这在《黄帝内传》和《古今注》中都有记载。另外，还有一种传说，西周初年，南方有一个叫越裳氏的小国，派使臣来朝贺周天子，返回去的时候，周天子怕他迷失方向，就让周公为他造了一辆指南车。这在《古今注》和《宋书·礼志》中有记载。这些传说虽不足为据，但至少说明，我国在三四千年前就已经有了指示方向的工具。

图3

在春秋时期，指南车确实已经存在，但因为没有太大的用处，而没有能流传下来。东汉时，大科学家张衡就曾制造过这种指南车。后来的不少封建皇帝还把指南车当做讲排场的工具，如后秦的皇帝在出巡时就总是把指南车放在仪仗队的前面。南朝刘宋的开国皇帝刘裕夺取了后秦的指南车，因为车的内部机械零件和结构已遭到破坏，刘裕就派人到车上拨动木人，让木人指向南方，一出巡就把它排到仪仗队的最前面，以炫耀帝王的排场和阔气。南齐皇帝萧道成还曾命令当时著名的数学家祖冲之制造了一辆指南车，以显示自己"天命所归"的至高地位。

其实，在汉魏时，就有不少人着迷于对指南车的"复制"。《魏书》就记载着，马钧与高堂隆、秦朗争论指南车的制作问题，后两人认为古书中没有记载具体做法，肯定是没有这种东西。但马钧认为古代肯定有指南车，魏明帝就命令马钧实际地造出指南车来。马钧的确把指南车造

图4

出来了（图4），却是根据自己的设计构思制成的，因此很难说是对春秋之时指南车的复制。马钧以后，除祖冲之外，还有后魏太武帝时的郭善明、马岳，南朝宋石虎使解飞，姚兴使令狐生，宋仁宗时的燕肃、吴德仁等，都企图"复制"出远古的指南车来。但实际上，每一时代的"复制"都代表的是这一时代的技术水平，而且都

是机械结构的车子，实用价值很小，只能摆摆样子，至多让皇帝们高兴高兴而已，因而没有一件能流传下来。

但是，许多古籍如《鬼谷子·谋篇》、《韩非子·有度》、《考工记》及《宋书·礼志》，以至于《古今注》等，都明确指出了秦汉以前的指南车是有实际用处的。关于指南车的制作方法，最早详细记述的是《宋史·舆服志》，它把燕肃和吴德仁的设计制作情况记载了下来。今人王振铎先生据此记述进行了复制。大致结构是：在车上立一根木柱，上面刻成木人（图5），手臂指向南方，它的内部是一个差动齿轮系统结构，车子在拐弯时，内轮不动，外轮绕内轮旋转，车辕就通过绳索牵动齿轮，改变它们的配合，

使中间的那根木柱转动，从而使木人的手臂能始终指向南方。这显然不是汉魏时，也更不可能是春秋时指南车的结构。

图5

这似乎只是对某种结构精巧的自动控制机械装置的追求。但是，它的最终指南的功能，仍不失为人们对指向工具的某种探索；它的机械运作机制的"神秘"性使人们对它屡得屡失，直至北宋才记下这精妙的制作技术，应当算是当时世界上最早的自动控制技术了。

司南的诞生

我国古代劳动人民在实践的过程中，逐渐认识了磁石的性质并最早利用它制成指示方向的仪器。古人在开采铁矿的过程中，会遇到天然磁铁。古人把天然磁铁叫做磁石，它的主要成分是四氧化三铁。古书中最早记载磁石的是《管子·地数》篇，它说："上有慈石者其下有铜金。"这里的"慈石"原意是指这种石头能像慈母一样吸引和爱护她的子女，也就是说它有吸引铁的性质。《吕氏春秋》中高诱曾注释道："石，铁之母也。以有慈石，故能引其子；石之不慈者，亦不能引也。"意思是说，铁矿石中会有铁，因为只有像慈母一样的矿石，才能吸引铁。如果矿石没有慈母一样的吸引力，就不能吸引铁。《山海经》中有更明确的记载："慈石取铁，如慈母之招之。"显然，这种"慈石"正是我们现在所说的"磁石"。古人甚至传说秦始皇建造的阿房宫的北门就是用磁石造成的，如果有人携带铁制兵器进宫行刺的话，就会立刻被大门吸住。至于磁石指南的性质是什么时候被中国人所认识的，中国人又在什么时候利用磁石的这种性质，制成了指南针，现在我们还不能确切知道。

图6

在《韩非子》一书中，有关于"司南"的记载（图6），说战国时中国已有以天然磁石制成的磁勺——司南，用来指示方向。这是世界上最早的用磁石做成的指南仪器。又据《鬼谷子·谋篇》记载，战国时，郑国有人到远处山中采玉，为了不迷路，就在车子上装有司南，以帮助辨别方向。

"司南"和指南针一样吗？根据东汉时大哲学家王充在他的《论衡·是应篇》中对司南的形状和制法的详细记载，我们知道，"司南之杓，投之于地，其柢指南。"在这里，"杓"即"勺"，也就是像小勺子一样的形状，而不是现在所说的指南针的针形。

我们祖先亲手用过的司南，我们现在当然已很难看到了。可是，我们在地底下曾经发掘到一些类似的东西。中国历史博物馆的王振铎先生就根据这些考古发现和王充的记述，把司南"复原"成模型。在这个模型中，最下面那方形的铜盘叫地盘，上面刻有许多文字（图7），从里面第一圈数起，是甲、乙、丙、丁、庚、辛、壬、癸这八干（八天干），还有▦、▤等八卦的图形，及十二地支（子、丑、寅、卯、辰、巳、午、未、申、酉、戌、亥）、四维（乾、坤、巽、艮），表示二十四个方向，均

图7

匀地分布在地盘上，其中用子代表正北方，午代表正南方。地盘中间的圆形构成"天盘"，这里是用来放置"杓"的。"杓"本是古人的一种生活用具。当人们用磁石做成这种勺子时，它就成了能指南的工具了。杓是用天然磁石做成，为保护磁石的磁性，既不能用熔化铸造的方法，也不能剧烈震动。我们的祖先就用琢磨玉器的方法，把天然磁石轻轻地加以琢磨，加工成为勺的形状。这勺子的类似汤匙盛东西的那头放到天盘中间，勺子的长柄就自然指向南方。因为汤匙底部是圆的，放在平滑的铜面天盘上，可以使它很容易地灵活转动，直到勺柄指南。杓和地盘配合使用，就能确定南北方向。

所谓"司南"，"司"即操作、经营之义，因此"司南"就能使你任何时候都知道南方在哪里。显然，上述结构的指南仪器制作起来确实相当费劲，指示精度也不准，而且受震动时几乎不能使用，因此不能广泛地应用到车马行驶和船舶航行上。这就为后世发展真正的指南针留下

了广阔的余地。

指南针和罗盘的诞生

宋朝时，由于航海事业的发展，在促进其他方面的科学技术大发展的同时，各式各样的指向工具也都应运而生。宋代大科学家沈括在他的《梦溪笔谈》中记载了针形指南针的四种装置方法。

一是水浮法，就是使磁针中部穿在一根灯芯草中，一起悬浮在水面上。二是指爪法（也叫指甲旋定法），就是把磁针平放在指爪甲上，由于爪甲摩擦阻力较小，磁针很容易转动，就会在地磁场的作用下自动地指定南北方向。三是碗唇法（也叫碗沿旋定法），就是把磁针平放在碗唇（碗的边缘棱）上，指向原理与指爪法相同。四是缕悬法（也叫丝悬法），就是用一根茧丝系在磁针腰上，用芥子大小的蜡将它固定好，悬挂在没有风的地方，就会自然指向南北。沈括根据丰富的经验指出，在这四种支撑法中，水浮法摇荡不稳，跟指南鱼的效果差不多（图8），指爪法和碗唇法又容易滑落，以缕悬法为最佳。

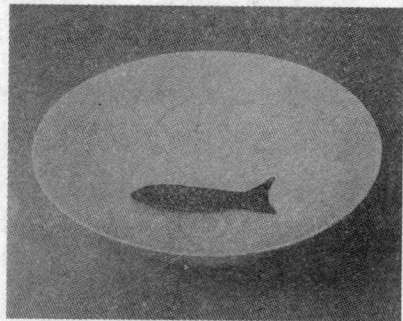

图8

后来，人们受指南鱼用支撑法制造的启发，就模仿着造出了指南针，就是将磁针支撑在底盘上。制造指南针的基本技术在宋代就已经成形。可以说，现在航海上所使用的指向仪器虽然非常精密，但其基本原理和形式还是指南针。

由于指南针的制造和使用，我国人民在世界上最早发现了"磁偏角"的地磁学现象。沈括在他的科学名著《梦溪笔谈》中说："方家以磁石摩针锋，则能指南，然常偏东，不全南也。"明确指出，指南针并不是指向正南方，而是稍微往东偏一些，"磁偏角"就是沈括为这种地磁学现象所起的名称。这在今天看来，无疑属于很普通的常识了，因为地球的两个磁极并不恰好位于南极和北极上，而是有一段距离，这样，磁针所指的方向与连结地球南北极的子午线之间就形成了一个偏角，这个偏角在地球上不同的地方，大小是不一样的。我们知道，古代的科研手段是相当落后的，测算磁偏角当然也十分不容易。除沈括发现了指南针"常微偏东"之外，寇宗奭（shì）也发现了这一点，他说磁针"常偏丙位"，按照中国古人的测算，"偏丙位"，就是说磁偏角在 0°～15° 之间。欧洲人直到 13 世纪才知道这个磁偏角的存在，并制造了用以测定磁偏角的磁倾针。但他们却误认为磁偏角是指南针构造不精密导致的。直到 15 世纪末，哥伦布在远渡大西洋时才确认有这个磁偏角，比我国晚了 400 多年。

最初的指南针没有固定的方位盘相配合，沈括所描绘的几种指南针就都没有方位盘。到南宋时才出现了罗经盘（图 9），或称之为地螺、针盘等，

图 9

也就是使指南针与方位盘联成一体。这使指南针在航海中有了更加方便和广泛的应用。宋人吴自牧在《梦粱录》中曾说："风雨晦冥时，惟凭针盘而行，及火长掌之，毫厘不敢差误，盖一舟人命所系也。"在狂风暴雨或天气阴暗之时，全船的身家性命全都寄托在这个针盘上，它能毫厘不差地指示方向，因为它上面有很精细的刻度。宋人曾三异《因话录》中也认为，"地螺或用子午正针，或用子午、丙壬间缝针"，这里的子、午、丙、壬表明针盘是按干支分划刻度的。这种指南针因有精确的刻度，比以前的指南鱼等使用起来方便多了。它的方便之处就在于：在它刻有24向的圆形底盘上，只要看一下磁针在方位盘上的位置，立即就能定出方位来。

　　需说明的是，罗盘也经历了从水罗盘到旱罗盘的转变（图10）。罗盘起初是水罗盘，磁针横贯灯芯，浮在水面上。到明代嘉靖年间才出现了旱罗盘。旱罗盘类似于沈括所描述的指爪法和碗唇法，它的磁针是以钉子支在磁针的重心处，使支点的摩擦力十

图 10

分小，磁针可以自由转动，静止时，就自然指向南方。这种罗盘用到航海上，又称航海罗盘，上定24向，就是把360度的圆周进行24等分，以15度为一向，亦称为正针。两正针夹缝中另设一向，称缝针。宋朝时，正、缝针就被合并，定48向，每向间隔7度30分。这比后来西方的32向罗盘在定向上精确得多。

　　值得注意的事情是：指南针从指南勺、指南鱼到具有很高精度的罗盘的发展，是在宋代那些以看风水、看病为业的人士们的手里最先实现的。他们把指南鱼和指南勺磨制成灵敏度更高的磁针，并放到方形的方位盘中，后来演化成圆形的方位盘，就成为罗盘。这一点真是意味深长：一个指引人们通向新世界的伟大发明，正是经过那些在旧的思想习俗世界中徘徊的人们的手，才推到历史的面前。以至于后来，当我们还沉浸在对"磁偏角"的经验认识和古老简朴的粗糙测算之中的时候，西方已经将磁和电结合起来，进行深入细致的科学研究，从而建立起麦克斯韦的电磁理论，最终将

磁针这种东方人的古老发明融进了近现代科学的茫茫大海之中。

到什么地方，采用什么针位，一路航线都标记得非常清晰。元朝的航海典籍《海道经》和《大元海运记》，都有许多罗盘针路的记载。明代时，郑和七次下西洋，给后人留下的《郑和航海图》（图11），就详细记载着郑和航海时的罗盘针路。早在元代的1281年，中国航海商船的船长郑震就率领他的海船从泉州载着使臣出国远航，经过三个月时间到达斯里兰卡。当时的沿海航运也十分发达，还开辟了南洋航线和北洋航线，曾把江浙一带的米粮源源运往大都（今北京）。可见，指南针的应用及罗盘针路的出现，使中国古人获得了全天候航海的能力，到这个时候，人类才算第一次真正拥有了在茫茫大海上昼夜航行的自由。

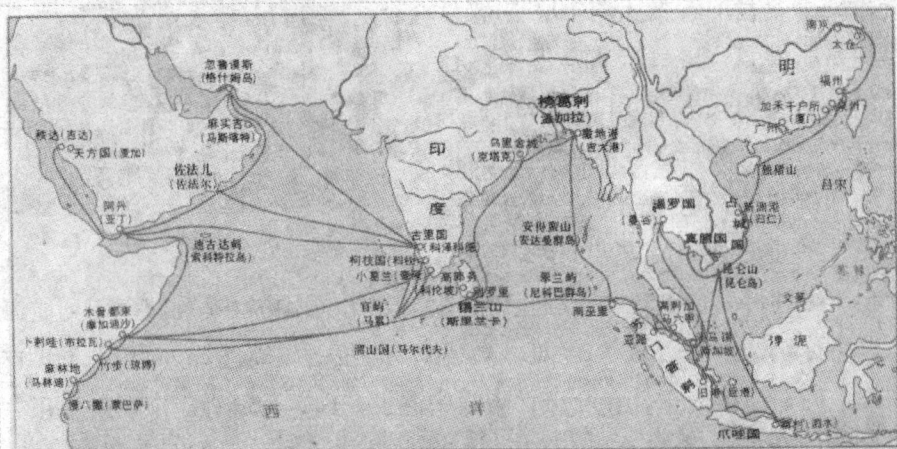

图 11

航海事业的发展确实得益于指南针的发明和应用。因此，宋代以后，大量的中国船只越出近海，乘千里长风，破万里涛浪，昼夜星驰在南洋和印度洋的惊涛骇浪之间，从而大大促进了中外经济和文化交流。

指南针的西传

在宋元时期，由于中国与阿拉伯国家的交往十分频繁，我国的指南针大约在1180年左右经海路传入阿拉伯，接着又由阿拉伯传向欧洲（图12）。

这个时期，阿拉伯商人对乘坐中国船只远航旅游、经商情有独钟，因为中国的船只不仅容量大，而且非常平稳，整个旅程能够过得比较舒适和快活。当时，有很多阿拉伯人在泉州、广州等海港城市居住下来，他们对我国指南针的发展和使用情况也很熟悉。阿拉伯人在很长一段时期里是中国与

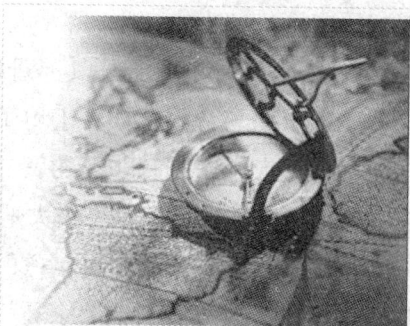

图12

欧洲进行贸易和文化交流的中介，所以，指南针就很自然地由阿拉伯人传到了欧洲。

著名的英国科技史专家李约瑟博士在七大卷的巨著《中国科学技术史》中，明确指出，罗盘针用于航海，西方大约比中国落后了两个世纪。这一论断是有充分根据的。因为到13世纪初期，欧洲人才在一些书里开始提到指南针在航海上的应用。

由于有了指南针，欧洲人才消除了对海洋的神秘感和恐惧感，从而自15世纪以来，掀起了一浪高过一浪的航海热潮，不仅导致了世界史上著名的"地理大发现"（图13），而且也使资本主义的资本原始积累在世界范围内迅猛展开，从而在三四个世纪之内就建立起了符合资本主义发展需要的世界市场，进而将人类的历史由区域的、民族的历史转变成全球的、世

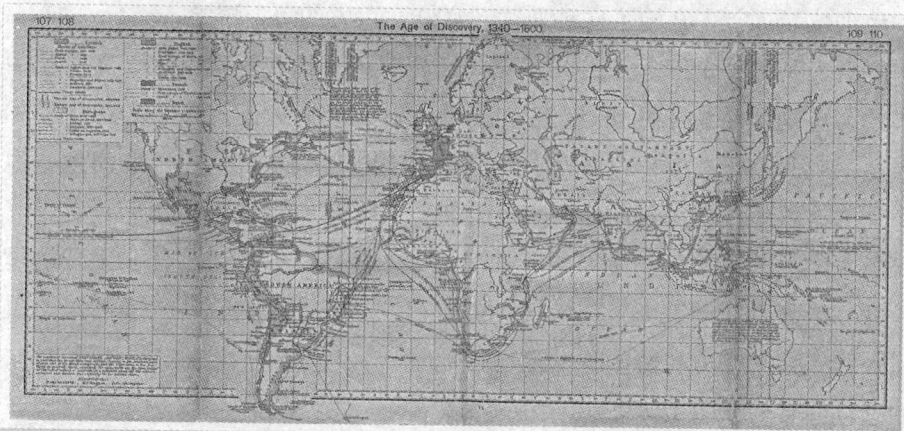

图13

界的历史。

在 15 世纪中期，土耳其苏丹穆罕默德的 15 万大军和 360 艘左右的战船攻陷了东罗马帝国首都君士坦丁堡。强大的奥斯曼帝国牢牢控制着东地中海，在意大利东方和非洲的贸易线上树起了高高的壁垒，这严重阻断了东方通向西方的陆上商路，极大地阻碍了欧洲经济的发展。

但是，欧洲人却因此对东方的黄金和财富的幻想和渴望变得更加膨胀和狂热。尤其与意大利旅游家马可·波罗的中国游记的激发有着直接密切的关系，陆路的被阻断，使得海路成为这些狂热的东方崇幻者们惟一可以选择的通往东方的道路。在这个时候，希腊人关于大地是球形的知识和中国人最先发明的罗盘针都使他们敢于这样想和这样做。而且，据欧洲 13

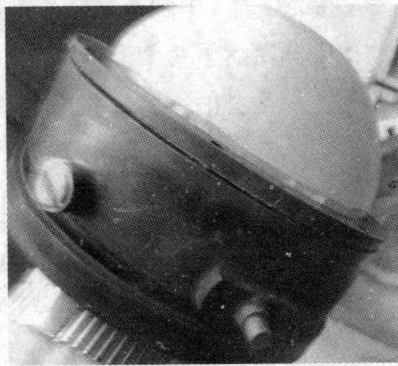

图 14

世纪出版的航海专著记载，那时西方的指南针已被固定在一个分 32 个方位格的木制圆盘上，相传第一个这样的罗盘方位标（航海罗经）是由意大利那不勒斯南部阿玛尔菲城的一名工匠制作的（图 14）。既然指南针使茫茫大海不再神秘，既然东方如此令人神往，处于地中海西端又直接濒临大西洋的西班牙和葡萄牙，凭借它们优越的地理位置，首先开始了这种通往"富庶"东方的海上探险。

意大利的一个织布工的儿子克里斯托弗·哥伦布受到一位天文学家的激励，成功地游说了西班牙国王，于 1492 年 8 月 3 日率领三只帆船和 90 名船员向西航行，横越大西详，70 天后到达巴哈马群岛、古巴和海地。他竟认为这就是他所渴望的东方黄金之地——印度，把古巴误认为日本，并把新大陆上的人称为印度人（印第安人）。现在我们知道，他所发现的是一片"新大陆"即美洲大陆。美洲的全名叫"亚美利加洲"，因后来一位意大利探险家亚美利加重新发现这片土地，确认它不是印度而是"新大陆"，才这样命名的（图 15）。

指南针在这个时期成了欧洲人发现一个个新景象、新世界及探索整个地球所不可缺少的物品。葡萄牙贵族达·伽马于 1497 年沿非洲西海岸绕道非洲南端的好望角远航印度，1499 年返回时他的船队满载香料返回祖国。麦哲伦领导的大规模的环球旅行开始于 1519 年 9 月 20 日，经大西洋绕道

图 15

美洲南端，进入太平洋，在指南针的指引下，他们顺利地驶过漫无边际的太平洋，到达菲律宾群岛，后又经印度洋绕道好望角而返回葡萄牙。人类的第一次环球航行，实实在在地证明了"地球"的"球"状之说。

新航路的发现给欧洲各国的殖民者带来了财富。从此，非洲的黑人奴隶和他们的象牙、黄金、乌檀木，印度的香料、宝石、鸦片和布匹，锡兰（今斯里兰卡）的珍珠，印度尼西亚的胡椒和大米，中国与日本的茶叶和瓷器，美洲的金银、蔗糖和可可等，都被源源不断地通过大海运往欧洲，从而极大地加速了欧洲的资本原始积累。如果没有指南针在航海上的应用，这一切是不可想象的。

指南针在航海上的应用还使探险家们重新发现了地磁偏角，对近代地磁学的发展和完善，起到了巨大的作用。

我们都很熟悉达尔文对人类科学的巨大贡献，他创立的生物进化论在当时不仅引起了生物学和人类学思想的革命，而且还影响了社会科学中的伦理学和历史学等。而这一学说的实在证据正来源于他长达 5 年的远洋考察。1831 年至 1836 年间，达尔文作为博物学家，乘坐"贝格尔"军舰（图

图 16

16），参加了政府组织的南太平洋考察，这成为他学术生涯的最关键时期。他通过这次远距离考察，发现了不同地区众多的生物，它们之间的差异和相似性引起了达尔文的长久的思索，从而使他最后找到了能够解释这些大量生物现象的进化理论。可以说，指南针在他的考察中所起的导航作用是

毋庸置疑的。没有指南针的指导，达尔文能渡过那样广漠无际的大洋吗？

在几个世纪的航海实践中，西方人也没有忘记对指南针进行新的探索和改进。1876年，改制出来的汤普森罗盘（也叫罗经）最终为大多数商船所采用。这是一种旱罗盘，它的指针是一种尖头圆柱形，用丝线吊挂在用薄纸制成的方位标上。整个罗盘的重量不超过20克。英国人登特和里奇还分别在1833年和1855年制成了水罗盘，并于1880年左右得到广泛推广。这种罗盘的地位只是在第一次世界大战后的竞争中才受到陀螺罗盘的威胁（图17）。

图17

时至今日，轮船上仍装备着一个备用的传统式标准罗盘，但真正的导航系统已不再是它了，而是一系列电子器件、电脑系统甚至还有天上的卫星。卫星导航系统不仅能非常准确地指示航行的方向，而且能立即标明航船所在的地理位置（经纬度表示）。即使在大风大浪、雪雨阴天之时，也能够保证在航向上不出错误。指南针似乎已是历史博物馆中的文物了。但在现代导航系统发明以前的几千年里，指南针确是人类征服大海的强有力武器之一。而没有它的广泛应用和不断改进，现代遥感、遥测和信息技术在"指南"上的创造性贡献也就缺乏历史的源流了。

造纸术发明的故事

在我国历史上，有一种与印刷术有紧密关系的伟大发明，那就是造纸术。可以说，如果没有纸的发明，印刷术是不可能出现的，人类文明当然

也不会是今天这个样子。我们今天之所以能刻苦读书，能博览各种报刊杂志，了解国内外政治、经济、体育、军事及文化时事等，如果没有纸的存在，这些都是难以想象的；我们之所以还能领略远古祖先的一些生活情况，研究古代先哲的深邃思想，吟诵先辈文人墨客娓娓动人的文学篇章，都依赖着纸的代代传递；我们有感于世界历史中，各民族人民之间的文化交流与合作，深知这互通有无、共同进步的人类文明是以纸作为重要的载体来实现的……纸始终是人类文明的承载器和传播机。而造纸术是中国古人的伟大发明，早已作为"四大发明"之一，载入了人类文明的史册，是我们祖先对人类文明做出的又一巨大贡献。但是，造纸术的发展史也是一部充满艰辛和汗水的历史。

文字的出现标志着人类文明史的开端。但并不是一开始，文字就是写在纸上的。在无纸的文明史中，人类曾经绞尽脑汁，寻求过各种各样的书写材料。

从公元前 3000 年起，埃及人就开始用纸莎草来造"纸"（图 18）。他们把纸莎草的茎破成细丝晒干，交叉着叠两层，然后再用胶黏合。这种"纸"可以卷成卷，在当时的条件下还能长期保存。许多古老的埃及文献就是这

图 18

样留下来的。为了传播文化，埃及人还大量地"出口"这种"纸"，古希腊的大多数古典文学作品及哲学著作都是写在这种莎草纸上的。据史书记载，1798 年，当拿破仑的部队攻击埃及时，一些随军学者发现了公元前 1800 年的纸草。

最初用胶黏合几层薄纸的效果很不理想，到公元前 4 世纪，希腊人菲拉底修斯才发明了一种较好的黏结方法。为了纪念他对造"纸"术的贡献，雅典人还为他制了一尊雕像。

古代印度人是在树叶上写字的，当然非常难于保存和留传，文明也会随着树叶的腐烂和分解而化为乌有。

古代欧洲人还用羊皮写字。但传说，羊皮"纸"是小亚细亚帕加马古

图19

国的居民发明的（图19）。它曾于4世纪时非常流行，已找到的最古老的文物是公元1世纪末的一块写了字的羊皮纸。羊皮纸是用山羊皮、绵羊皮或小牛皮做成的，结实耐用，表面光滑，是当时上好的书写材料。中世纪时，欧洲人曾长期用它制作书籍和起草重要文书，尽管这时真正的纸已经传了过去。而在羊皮纸一度匮乏的时期，人们还曾将过时的羊皮纸书籍上的字迹刮掉，再誊抄上新的内容。

古代两河流域（中亚一带的幼发拉底河和底格里斯河）的人民还用泥板写字记事。当然，这也是不易保存和传承的文明载体。作为古代文明古国的巴比伦王国也没有发明出真正实用的纸来。

大家知道，我国最早的文字叫"甲骨文"（图20），就是因为我国的文字一出现，就是被写在龟甲兽骨上的。商周时期，青铜冶铸业十分发达，人们就把文字刻在青铜器上，称作"铭文"（图21）。现在，考古发现的

图20

图21

许多当时的青铜器上，都留下"铭文"所记载的我们祖先的生产和生活情况。战国秦汉时期，人们又习惯于把字写在竹简和木牍上，合称为"简牍"。"简"，就是用来写字的长条状的竹片和木片；"牍"是比简稍宽些的木板。古人用毛笔在上面书写。将书写好的竹、木简用丝绳或皮带系连起来，合成一卷，成为简策。这就是中国最早的装订成册的书籍。其实，简牍很早就为中国古人所用。商代的甲骨文中就有一些象形文字，像古代的"册"字。"册"，就是把竹木简系连在一起，成为一本书的形状。由此可知，我国商代就已经使用竹木简作为书写材料了。简牍在周代到秦汉两晋时期，一直是主要的书写材料，简策也是这个时期中国书籍的主要存在形式。简牍虽有形体的不同，但主要区别在于书写字数的多少。一片简上通常可写22字～25字，最小的简只能写两个字，每简通常是一行，汉代的简中也有多至五六行的。相对来说，木牍则一般能写四五行。书写顺序往往是从上到下，从右到左，就像今天"春联"的读写方法一样。

大概不少朋友听说过这样两个成语：一个是"学富五车，才高八斗"，形容一个人才学广博、知识丰富；另一个是"汗牛充栋"，形容一个人的藏书很多或某处的藏书非常丰富。这里的"五车"和"汗牛充栋"指的就是古代用简牍装订成的书，多得足以装满五辆牛车，或多得让牛在拉车时都累得出汗，或堆放在家里，一下能顶到房梁上去。其实，因为简牍大而重（图22），又用毛笔书写，即使"学富五车"、"汗牛充栋"，恐怕也没有多少册书。如果今天的书装上五车，让牛拉得出汗或堆起来顶着房梁，那恐怕也有好几万或十几万册的书了。

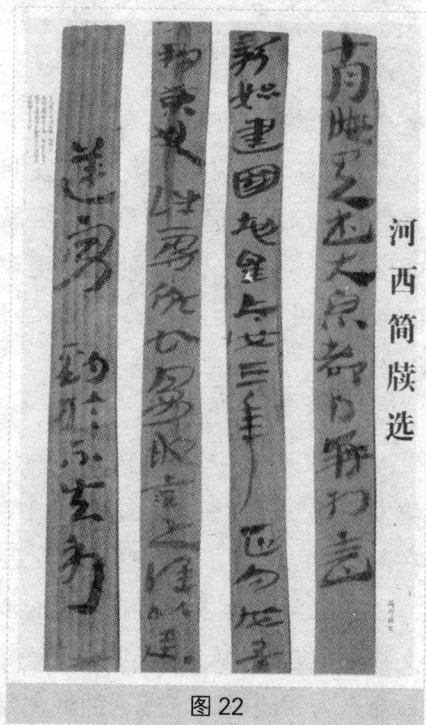

河西简牍选

图22

历史上曾有多次发现简牍。较著名的有：西汉武帝时鲁恭王毁坏孔子旧宅时，在墙壁中间发现了一批竹简；晋武帝时有人盗掘魏襄王墓发现的数十车竹简，约十多万字，称为"汲冢书"；20世纪以来，在甘肃、河南、湖南、湖北、山东等地区都多次发现简牍。因为简牍笨重不堪，运输和携带极不方便，而且又难于书写，随着汉代造纸术的发明，从南北朝以后就逐渐为纸张所取代了。

图 23

另外，我国古人还用绢帛写字（图23）。在考古发现中，许多秦汉时期尤其是汉朝古墓中，除了出土了大量的陶器、青铜器、铁器和简牍以外，也有大量绢丝帛书。如在湖南长沙发掘的著名的马王堆西汉墓中，就有28件帛书和两卷医简，其中就有著名的老子《道德经》的帛书及记录已初步形成体系的中医经络学说的竹简。可以说，在东汉较简易耐用的纸发明之前，简牍和绢帛应是最主要的两种书写材料。但因为简牍沉重，绢帛昂贵，社会经济文化又在不断发展，寻找廉价易得、经久耐用、便于使用和携带的新型书写材料，已成为历史发展的迫切需求了。

造纸术的源头

很久以来，人们一直有一种误解，认为我国的造纸术是东汉时宦官蔡伦发明的。但现在，经过中外科学家的潜心研究和考古发现证实，我国早在西汉就已经有了纸，这把我国造纸术的发明时间提前了200多年。

1957年，考古学者在陕西长安县灞桥发现了一座古墓，里面除了很多文物外，尤其引人注目的是，在一面铜镜下放着成叠的纸，共有88张残片，被命名为"灞桥纸"。这种纸主要是用麻和少量苎麻纤维制成，是已发现的世界上最早的植物纤维纸。

1933年，考古学者还在新疆罗布淖尔汉代烽燧遗址中，发现了汉宣帝时的一小片麻纸，这是公元前1世纪时的西汉麻纸。1974年，在甘肃居延汉代遗址中，又发现了西汉时的两片麻纸。当时的这种麻纸还比较粗糙，不便书写。但这种麻纸不但用于书写，还用于绘制地图等。1986 年，在甘肃天水放马滩的一座汉墓中，考古工作者发现了纸质地图残片。1989 年 8 月 2 日的《光明日报》报道说，这座墓是西汉文景时期的，里面的"纸上用细墨线条绘制山脉、河流、道路等图形……说明我国早在西汉初期就已发明了可以绘写的纸。"

1987 年底，我国研究造纸史的专家潘吉星先生将西汉几种纸样送到日本有关科研机构进行鉴定，均确定为植物纤维纸，其中"灞桥纸"较为原始。他由此得出结论说：中国的造纸术的发明早于蔡伦 200 年。

另一方面，从一些古文字记载也可以证明这一点。我国最早的一部字典《说文解字》写着："纸：絮也，一曰苫也，从糸，氏声。"由"纸"字从"糸"表明，我国最初的纸不是植物纤维纸，而是"丝絮纸"（图 24）。这是不难理解的。我国有悠久

图 24

的养蚕和缫丝技术，在"漂絮"时剩下一些破碎的丝絮粘在席上，成薄片状，晒干后即可用来裱糊和揩擦等。这应当说是最初的纸。后来，随着麻织业的发展，就有人利用麻絮造出了"麻纸"，像前面说的"灞桥纸"就是用麻絮作为原料制成的。

虽然最初的"麻纸"大部分很粗糙，但也出现了一些便于书写的高质量的纸。前面提到的绘制地图的西汉文景时期的麻纸就是优质麻纸。另外，《后汉书·贾逵传》记载，建初二年（公元 76 年），汉章帝曾奖给 20 名太学生"简、纸经传各一通"，这里的"简"当然是指竹简，这些"经传"既有竹简，也有纸，表明当时已经用纸来抄写书籍了。这也比蔡伦造纸早 30 年（图 25）。

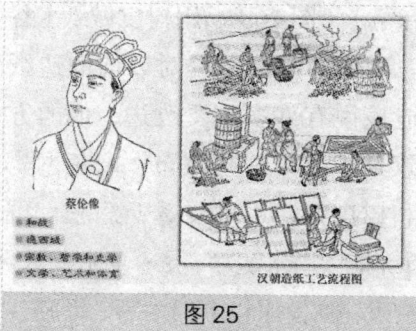

蔡伦像
● 和帝
● 桃树城
● 宗教、哲学和儒学
● 文学、艺术和体育

汉朝造纸工艺流程图

图 25

而在造纸工艺中，人们研究发现，甘肃居延发现的小片麻纸与"灞桥纸"

和汉宣帝时的（陕西）挟风中颜村纸大致相同，都是用麻筋、线头和碎布块制成的，没有春捣和抄造痕迹，而其所由"压力形成的片状"，大约是因为"作衬垫用"而造成的。应该说，这些有意或无意的造纸技术，都对后来蔡伦的进一步改进奠定了基础。

蔡伦的造纸术

我们说，纸的第一发明权不属蔡伦，并无意否定蔡伦在造纸术上的革命性贡献，因为毕竟是蔡伦发明的造纸工艺流程一直延续了 2000 余年，现在造纸业的基本程序仍然未有实质性改变。那么，蔡伦的贡献主要是什么呢？

还是让我们先来看看与蔡伦造纸有直接关系的制造丝质纸的工艺。段玉裁注《说文》中讲道，上古人穿衣不是丝，就是麻。丝的加工，就是把蚕茧放到碱水中煮，然后络、漂。络是从茧中抽出丝来，漂是洗去碱液和杂质。漂丝时会有少量的丝絮落入水中，达到一定浓度时用竹帘捞取，放到竹帘上，就能得到薄薄的一层，晾干后就是纸。看来造纸术与漂丝有密切关系。我国的养蚕和漂丝都有非常悠久的历史。《庄子·逍遥游》有"世世以洴澼绕（纩）为事"的说法，注家李颐认为"、洴澼绕"就是"漂絮水上"，"漂絮"就是"以水击絮"，但怎样击法，却不得而知。现在人们手工洗纸浆的方法应该和这差不多，大概是把纸浆装进绨布口袋之中，扎口，缚在捣棍的 端，放进水中捣洗。落入水中的丝絮再用 一种叫做箔的密致竹帘捞取。每一帘成一张纸。这样造出的纸就是丝质纸。

蔡伦起初是用鱼网做纸（叫网纸），后又用破布做成"丝绽如麻"的纸（麻纸）（图26），用树皮做纸（谷纸）。蔡伦的制纸过程对以前的造纸工艺应该说有许多重要改进，他的方法大致是：搜集一些破布、旧鱼网、麻头和树皮等，用水浸透，润胀，再用斧头剁碎，用水洗净，浸入草木灰水，加热蒸煮，除去原料中的木素、果胶、

图26

色素和油脂等杂质后，用清水漂洗，入臼捣碎，放到水里形成悬浮的浆液，就是"纸浆"（图 27）。然后用多孔而致密的纸模（当时是用编织细密的帘子）捞取纸浆、滤水后，留下一层薄薄的纸料，取下放到阴凉干燥处晾干，就成了纸。

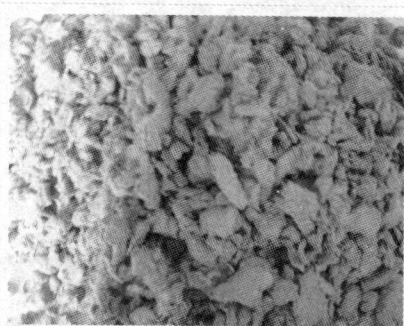
图 27

由此可以看出，蔡伦对造纸术的主要贡献有两条：一是他使以前比较粗糙的植物纤维纸变成质地优良、堪作书写用的植物纤维纸；二是他使造纸材料的来源大大地扩大了。他不但用麻、破布、鱼网，而且还用树皮作原料，这大大降低了纸的成本，从而使纸的运用得以普遍推行开来。《后汉书》说，自元兴六年（公元 105 年）蔡伦将他造的纸献给皇帝，受到皇帝的称赞以后，"自是莫不从用焉，"自此都开始使用纸了。晋人傅咸在《纸赋》中赞美说："夫其为物，厥美可珍。廉方有则，体洁性真。含章蕴藻，实好斯文。"说蔡伦的纸实在很美，令人珍爱，又廉价、方便、洁净，深得人们喜爱，从根本上改变了纸在社会上的地位。

蔡伦的造纸工艺对现代造纸术仍有直接影响的是这样两个关键步骤：一是在草木灰水中蒸煮，这是现代碱法化学制浆过程的滥觞；二是纸模的设计，要能使它的孔与纸浆中的纤维尺寸相适合，既能很快地使水漏下，又能使纸浆纤维留在上面，形成均匀的薄层。当时，虽然用的是细密帘子，却是现代纸模即抄纸器的雏形，而抄纸器是长网造纸机或圆网造纸机的主要部件。我们甚至可以这样说，蔡伦的造纸工艺是现代造纸工艺的原始形式。

蔡伦的造纸术极大地促进了东汉造纸业的发展，造纸技术也不断提高。东汉末年，东莱（今山东黄县）人左伯造出了质量很高的纸，成为历史上又一著名的造纸能手。他造的纸比"蔡侯纸"更加光洁细腻，成为当时名贵的书写材料。1974 年，甘肃武威县的一座东汉墓中出土了有文字墨迹的纸张。1942 年，在内蒙古还出土了一张东汉信纸。1901 年，在敦煌发现

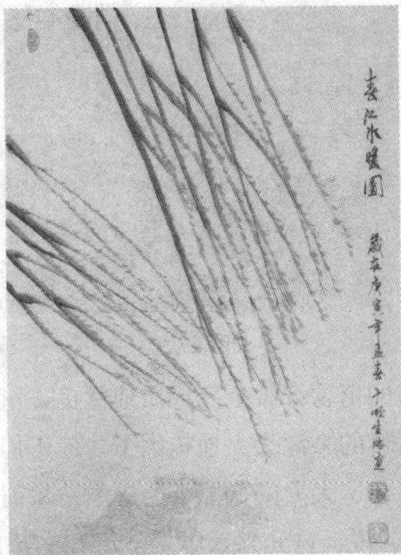

图28

了两片东汉纸，上面写有诗句和书信。

在"蔡侯纸"的推动下，东汉人孔丹还发明了著名的"宣纸"，它因盛产于安徽宣城而得名。"蔡侯纸"虽然已经很好，但仍有易变黑变黄，且易剥落的缺点。孔丹就尝试制造一种经久不变的纸。他在宣城一棵檀树的树干上发现了一层雪白的东西，像一张薄薄的膜，柔软且纤韧。孔丹后经反复实践，终于发明了用檀树皮和蓼草作原料的纸，即宣纸。宣纸又叫"四尺丹"（图28），是为纪念孔丹而得名。它是国画艺术的重要载体，使我国的国画艺术兴盛 2000 年而不衰。宣纸的制造因原料变迁而不断进步，唐代永徽年间，宣州和尚以沉香、楮树造纸；明清两代，随着印刷和作画业的发展，在造纸原料方面，不再局限于檀皮纸。制造技术方面也有较大的提高，例如：施以胶肌、染色、上蜡、砑光、洒金、描金、刻花、印花等工艺，都已具备了较高的水平。19 世纪末，宣纸还曾获得巴拿马博览会金质奖章。

中国造纸术的外传

在中国的造纸术外传以前，世界其他国家的民族也都根据本国的不同资源，使用各种不同的材料来书写文字。如印度主要用白桦树皮和一种叫多罗树（一种大叶棕榈树，旧译为"贝多树"）的树叶（图29），来书写佛经，这种被称为"贝叶经"的佛经在隋唐时曾大量流入我国。但这种书写材料和古埃及的纸莎草纸一样不便使用，

图29

且难以保存。正是蔡伦发明的纸，给世界文化带来了福音。

但长期以来，西方人并不知道纸是中国人发明的。他们将蔡伦用破布、麻绳等废料制成的纸叫褴褛纸。直到 20 世纪末，他们还认为纸是由阿拉伯人传入欧洲的，而阿拉伯人的纸是棉造纸，褴褛纸则是由欧洲的德国人或意大利人发明的。1906 年，英国人斯坦因在西北古长城一处发现几封用粟特文书写的信纸，他依据其他同时发现的文物，断定这是公元 2 世纪的文物。经化验，他认定这纸完全用破布褴褛制成，在显微镜下看，则是中国麻纤维，有些纸片用肉眼还能分辨出破布纺织的痕迹。此后，西方人才逐渐公认是中国人最早发明了褴褛纸。

从历史上看，造纸术的外传有一个漫长曲折的过程。

西汉时的张骞通西域（图 30），使中国和西域的文化、经济交往出现了一个高潮，此时，已有一些最初的麻纸被传了过去。东汉时，班超出使

图30

西域，致使中西交往再次频繁起来，不少西域中亚的商人来到中国。作为蔡伦的同时代人，班超当然也对受到皇帝嘉奖的"蔡侯纸"表现出了浓厚的兴趣。来中国的西域商人开始用中国的纸来记录数据、书写商业往来函件，因为纸比起简牍来，不知方便多少倍了。斯坦因发现的那封粟特人信纸，距离蔡伦发明纸只有 40 年时间，这时西域的粟特人已经在广泛地使用纸了。

纸传到西域后，再往西传到阿拉伯也就不困难了。在新疆吐鲁番、高昌曾经发现过用希腊文、波斯文抄写的基督教圣经里的赞美诗。在我国唐朝初年（公元 650 年左右），阿拉伯帝国已经扩张到葱岭西坡，这时，中

国的纸已经在阿拉伯落户。但是，具体的制造纸的技术和方法的西传则可能要晚一些，大约是在公元 8 世纪的盛唐时期。11 世纪时的阿拉伯旅行家贝鲁尼在他的著作中记述了这一点，他说："初次造纸是在中国……中国的战俘把造纸法输入撒马尔罕，从那以后，许多地方都造起纸来，以满足当时的存在者的需求。"随着阿拉伯势力的扩张，中国的造纸法就继续向西传到埃及、摩洛哥，然后又到欧洲。

中国的纸往东传播的时间要更早些。公元 7 世纪（初唐），朝鲜派出大批留学生来长安太学学经术，唐朝皇帝也多次送给高丽、新罗王经史等书。大约在这段时间里，造纸术传进朝鲜，然后又由朝鲜进入日本。有人曾考证，最晚到 7 世纪末，印度已经有了"纸"字，曾由海路赴印度的义净和尚在他的著作里也表明，大约也是在这个时候，中国的纸已经向南传入印度。毫无疑问，中国造纸术的大规模向四境和西方传播，说明它对人类文化所起到的巨大作用是永载史册的。

在唐朝时，还出现了一种情况，那就是，中国国内生产的纸不能满足需要，还要从朝鲜和日本等国进口纸。元代人陶宗仪汇编的《陶氏说郛》中收了一篇无名氏的文章，叫《负暄杂录》，记载说，唐人用纸，多取自"外夷"，因此唐诗中常能发现"蛮笺"等字样。当时，每年从高丽输入蛮纸，作为书卷的衬纸。另外，日本产的松皮纸、茭皮纸和东南亚国家出产的香皮纸也都输入中国。可见那时造纸术传入朝鲜、日本之后，又在那里得到了很大发展。

直到 18 世纪前后，英、法、德等欧洲国家争相仿制壁纸，初期的制品还带有浓郁的中国艺术品的风格。

造纸术在西方的发展

公元 751 年，被阿拉伯人俘虏的中国军人中的造纸工匠，在撒马尔罕生产了纸，并运销整个阿拉伯世界。1157 年，简·蒙戈菲尔——大马士革的一名俘虏，在基督教世界办起了第一个造纸作坊。到 16 世纪，欧洲的羊皮纸就被彻底取代了。而现存的欧洲最早的纸稿，是在西班牙布尔戈斯省发现的 11 世纪的祈祷书手稿。14 世纪末，一些欧洲国家如英、法、德等国，开始用木材造纸。16 世纪，欧洲制出了第一张双面印刷的纸。

在欧洲的造纸史上，最有意义的要属长型纸的制造。1798 年 9 月 9 日，法国巴黎的印刷出版商皮埃尔·弗朗索瓦·迪多的雇员尼古拉·罗贝尔向当时的内政部长德·纳夫夏托提出申请，希望免费得到一种长型纸制造工艺的专利。这种工艺不需要任何人操纵，完全用机械方法制造 12 ~ 15 米长的纸。1799 年 1 月 18 日，罗贝尔获得了这项专利，从而成为长型纸制造机（或称长网造纸机）的发明者（图 31）。1803 年，他的第一台造纸机展出。这项发明的意义十分重大，它使造纸业摆脱了文艺复兴以来一直使用的利用浆池一张一张地造纸的传统工艺。

图 31

到 1843 年，英国纸张的价格已降低了一半。造纸术的机械化从此开始了。

1806 年 10 月 7 日，英国人韦奇伍德为他发明的复写纸申请了专利，他将一张薄纸在墨水中浸泡，夹在几张吸墨纸中间晾干，就制成了复写纸。

到 1844 年，德国人戈特罗普·克勒尔发明了用刨碎的木屑造纸的技术，从而改变了用破布造纸产量不高的局面，为书刊的推广创造了条件。从此，西方人用造纸机，使得以木材为原料的造纸业在速度和规模上得到了空前的发展，从而为西方的多次技术革命和文明进步做出了巨大贡献。

还有不少人在现代科技革命的背景中，利用各种最新的技术成就，在不断地改善着古老的造纸技术。尽管有人预言，21 世纪电脑中的超大规模集成电路，甚至是所谓第六代智能电脑的（图 32）"神经网络"将取代造纸术和印刷术，我们仍然坚信：造纸术对人类文明的贡献还将会延续一个相当长的历史时期。纸作为信息的一种最为古老的物质载体，必将"鞠躬尽瘁，死而后已"地造福人类。

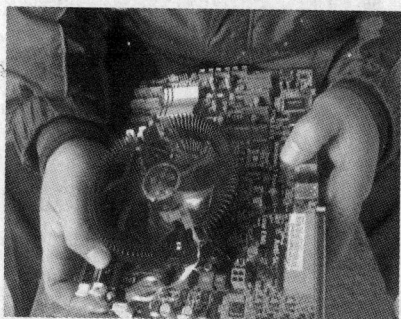

图 32

火药发明的故事

　　火药最初是中国人的创造，曾作为中国古代的"四大发明"之一，而对世界历史的发展起到了巨大的推动作用。在诺贝尔发明现代炸药的几十年前，马克思和恩格斯都曾对火药在世界历史中的作用给予了中肯的评价。马克思说："火药把中世纪的骑士阶层炸得粉碎，从而奠定了人类进入资本主义时代的社会阶级基础。"恩格斯也说："火药和火器的采用决不是一种暴力行为，而是一种工业的，也就是经济的进步。"

　　我们现在知道，火药的主要成分有三种：硝石、硫磺和木炭。这三样成分在我国都被叫做"药"，都有不同程度的药物性能。它们合在一起就

图33

产生一种新的特性，即能燃烧也能爆炸。用化学术语来说就是，硝石又叫硝酸钾，是一种氧化剂，硫和炭是还原剂，极容易被氧化。当它们混在一起燃烧时，氧化还原反应就会迅猛进行，产生高热和大量气体，体积可在瞬间膨胀到原来的1000多倍。如果火药装在陶罐或铁皮里面，就会随着火药体积的突然膨胀而爆炸。这就是最早的火药——黑火药，因常常呈现出褐色，所以又被称为"褐色火药"（图33）。

　　那么，火药怎么会来自"长生不老"药呢？顾名思义，火药就是能着火的药，而药当然是能给人治病、健身的东西。"火"表明这种东西的燃烧或爆炸特性，"药"则表明它最初来源于人们对养生治病的追求，主要是古代道士们对长生不老的追求。换句话说，火药是古代炼丹家们在长期

的炼丹——最原始的化学实验过程中创造出来的（图34）。

图34

火药的发明过程可以追溯到遥远的年代，它既与劳动人民的长期艰苦的生产实践有关，更与古代炼丹家们在某个特定历史时期的炼丹活动关系密切。

早在殷商和周王朝时期，我国就已经有了相当发达的冶金事业，并广泛地使用了木炭。硝石和硫磺在自然界里都是独立的存在物，很早就被人们开采，并对它们的性能获得了初步的认识。秦汉之际出现的炼丹者就开始摆弄这些东西，并发现了它们许多新的特性。

现代的科学史家们往往把炼丹术看做是近代化学的先驱。炼丹家们的炼丹活动正是近代化学实验的原始形式。但是，炼丹活动并不等于近代化学家们所做的各种化学实验，炼丹家们的目的并不是为了探求物质的化学性质或者其组成，而是为了寻求"长生不老"药。因为他们相信，"我命在我不在天"，认为老天并不能主宰人，神灵也毫不可靠，祈求神灵保佑健康长寿也是徒劳。有病必须求医，想长寿完全可以依靠服食"仙药"，而"仙药"并不是天赐神与的，它是完全可以由人制造出来的。这些朴素的唯物主义思想成了炼丹术具有相当程度的科学性的思想根源。

为寻求这种"长生不老"药，一代又一代的炼丹家们在草木之药、黄金、石头、水银、白银等化学物质中寻找和配制。到汉武帝时，炼丹已经相当普遍。到魏晋南北朝，炼丹术已经发展到它的鼎盛时期，这时，从汉代就已形成的九鼎丹法和太清丹法两大支里，又生出许多小道旁门，著名的道士和炼丹家如东汉末的魏伯阳、晋代的葛洪、梁国的陶弘景等，都有炼丹专著，实践成果也很丰富，被后世丹家奉为鼻祖。

古人炼制丹药分大丹和小丹，大丹需要经过炉火炼制，得金丹，这种方法叫火法炼丹；小丹即直接应用五金八石等物质，并须先将这些药物溶化成水，这种方法又叫水法炼丹。其中，以火法炼制大丹又有南北两个系统。北方系统以《龙虎经》和《参同契》为代表，主要是炼砂汞为还丹，

图35

一种炼法是将汞与硫磺合炼得到丹砂，这是一个非常重大的化学成就，也是人类最早通过化学合成方法得到的人造化合物。而在水法炼丹中，使用最多的是硝石和醋酸配合（图35），或单用硝石或醋酸，其中有十分复杂的无机和有机化学反应过程，从而制得硝酸等崭新的化合物。这样，炼丹家们对硫磺和硝石的化学特性获得了比较全面的科学认识。

再进一步，炼丹家们自然得到了一副火药的配方，这是令人惊奇的。"长生不老"药的确是没有能够炼制出来，反倒获得了与"长生不老"毫不相干的许多化学知识，如他们对金、银、汞、铅、硫、硝、炭（碳）、铜、铁、醋酸等等诸多化学物质的特性及其化学反应过程几乎已了如指掌，其中尤其是对铅的化学特性、铜铁之间的置换反应及硝石、硫磺和木炭之间关系的认识（图36），具有近代化学的明显特征。而最后这一点正与火药的发明密不可分。

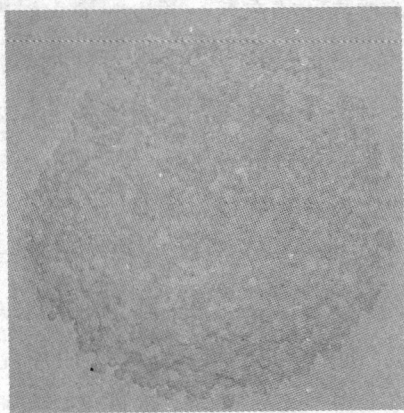

图36

火药的诞生

在我国西汉时期的道家典籍《淮南子》（公元前150年）中就有关于硫磺的记载。成书于公元前后的《神农本草经》，将硫磺和硝石作为可治病的上品药物列了出来。西汉时淳于意还曾用硝石治疗王美人的疾病。炼丹家们又在他们长期的炼丹实践中将硝石、硫磺、雄黄和松脂、油脂、木炭等材料不断地混合煅烧，这使火药的发明成为必然。

硝石，古人又写作消石，意思是它是一种能够消化各种石头的东西。隋唐时期，炼丹家们已经认识到了它的焰色反应。例如，一部叫做《九鼎丹经决》的丹道经典就记载说："烧之紫青烟起，仍成灰，不沸无汁者是硝石也。"说硝石燃烧时的火焰呈现出紫青色，并把这一点作为硝石与朴硝、芒硝的重要区别。"不沸"而又"成灰"，表明其中的硝酐具有较强的氧化作用，这是它跟硫酸盐、盐酸盐的重大区别，燃烧时出现的紫青色火焰，是钾离子的焰色。从现在的化学知识来看，用这两条来辨认硝石（KNO_3），是十分科学的。

炼丹家们还对硫磺的各种特性进行了"实验"观察和研究，他们发现，硫不仅能和铜铁起化合反应，而且能制服神奇的水银（汞）。硫的化学性质非常活泼，很容易着火，跟空气中的氧起化合反应，这使人们很难制服它。古人为了驯服它这种暴烈的性格，就尝试着对硫磺进行"伏火"处理。

"伏火"原本也是一种疗除疾病的方法，炼丹家们根据中医理论中的阴阳、五行和脏象经络之说，认为硝石和硫磺都是阳物（因为它们都能着火），会有阳火之毒，能败人五脏。为了使人服食之后不仅没有任何毒性，而且能滋润五脏，使人体内五脏之气和合混融，助益长寿，就必须设法制伏火毒，这就是"伏火"（图37）。"伏火"的具体方法也很简单，就是"以毒攻毒"，用火烧一下，火毒也就自然被消除。当然也还有其他的伏火法，而只有一种伏火法对火药的发明起到了决定性的作用。

关于黑火药配方和燃烧的最早记载，出自唐代初年著名中医、"药王"、养生家兼炼丹家孙思邈所著的《丹经内伏硫磺法》一书。这也是世界上最早的轻工业火药原始配方的记载。它描述了对硫磺的伏火方法：把沙罐或销银锅埋进土里，罐口或锅口与地面平，周围要用土夯实，把硝、硫各二两放进去。然后用火烧皂角子三杖，不要烧成灰，而烧成炭就行，再一个个放入罐

图37

或锅中。这时，刚刚烧过的皂角子带着余火与硝石和硫磺接触，硝和硫就会自动燃烧起来。等待焰烟冒完之后，用木炭堆到罐口上加热，就得到了一副黑火药的配方。这里，黑火药的三种主要成分都已齐备：硝、硫和炭。只因为炭没有研碎，并与硝、硫充分均匀混合，因此反应不够剧烈，加之"伏火"的目的在于防止和避免发生剧烈的燃烧和爆炸，一些措施也只使反应出现燃烧后冒出紫青焰火的结果。后来，人们逐渐从避免爆炸到有意识地利用爆炸

图 38

（图 38），摸索出各种黑火药的配方，形成了一个独具特色的黑火药体系。

在孙思邈之后，唐代一位叫郑思远的丹家撰写了一部《元真妙道要略》的丹道典籍，记载着这样的一种火药制法："以硫磺、雄黄合硝石并蜜烧之。"就是用硝石、硫磺、雄黄和蜂蜜在一起烧炼。因为蜜作为有机物，含有丰富的碳元素，它又是半液体的流质物，能够和硝石、硫磺充分均匀地混合，烧炼时突然起火爆炸。"焰起烧手面及烬屋舍。"烈焰猛烈冲起来，烧坏了人的双手和面部，并冲上屋顶，烧毁房梁。这表明，充分均匀混合的硝、硫和炭能够发生剧烈的爆炸反应。至此，黑火药的典型配方和它的巨大威力就被中国人掌握了。

其实，在炼丹炉中发现这种爆炸现象，要比这一发明和发现的记载早得多。例如《太平广记》一书就记载着，隋朝初年，一个叫杜子春的人去拜访一位炼丹老人，半夜时被一声巨响惊醒，看到炼丹炉有"紫烟穿屋上"，房屋顿时着起火来。这很可能是炼丹时配制药方，无意识地造成火药配方，不小心引起的燃爆现象。

火药就这样诞生了，它是我国古代人民在指南针、造纸术和雕版印刷术的发明之后，对人类文明所做出的又一重大贡献。"四大发明"至此已基本完成。

火药对世界历史的推动

火药诞生之后，就被陆续传到世界各地（图 39）。它不仅使战争的方

式发生了根本变革，而且在筑路、采矿等经济活动方面都发挥了巨大作用。

大约在唐代的时候，制造火药的主要原料——硝石和硫磺就传到了波斯和阿拉伯地区。那时，波斯人称硝石为"中国盐"，阿拉伯人称之为"中国雪"，但他们也主要是用于炼丹，而未用来制造火药。

大致在南宋时期（13世纪前期），火药就传到了阿拉伯地区。当时，尚未建立元帝国的蒙古军队向西征讨，在同阿拉伯人作战时就使用了大量的火药武器，如火炮、火箭、毒火罐和震天雷等。这使阿拉伯人大为震惊，并在此后逐渐学会了制造火药和火器

图 39

的技术。元帝国的建立，使中国的火药技术在频繁的商业往来中畅通无阻地流向西方。阿拉伯人在与欧洲人作战时，也就把火药和火器传到了欧洲。那时所谓的"契丹火枪"、"契丹火箭"正是中国的火药武器（图40）。这样到14世纪时，英、法等国就有了使用火药和火器的记载。

图 40

当时的欧洲正处于资本的原始积累和文艺复兴时期，新兴资产阶级与封建领主间的矛盾日趋激化。而刚传入不久的火药和火器便很快成为资产阶级摧毁封建主的城堡、建立自由贸易市场的强大武器。火药在开采矿藏上的应用，为近代矿冶业的迅速发展提供了决定性的手段。试想，如果没有火药，欧洲人还像古代那样用斧凿开矿，就决不会有近代的矿冶业，因而也就不可能有近代工业的长足发展。看到蜿蜒在那丛山峻岭中的公路和铁路，我们不能忘记火药爆破的巨大威力（图41）。

随着资本主义经济和政治发展的需要，火药也在欧洲得到了远超过中国的发展。

最先实现西方火药发展史上重大突破的是英国人威廉·比克福德，他

图 41

于 1831 年发明了安全引线（又叫比克福德导火索）。这项发明无可估量的意义在于：它完全改变了矿山和石料场的开采技术，并为人们的使用提供了前所未有的方便和安全；在军事应用上，防御者可以用导火线让地雷和炸药包在进攻者的脚下开花。

紧接着，德国化学家克里斯琴·弗里德里希·申拜恩于 1847 年研制出了硝化棉火药（火棉），这是一种烈性炸药，性质极不稳定。意大利化学家阿斯卡尼奥·索拉罗于 1847 年首次研制出硝化甘油火药，它的爆炸性极强，受轻微震动，就会导致猛烈爆炸。法国工程师保罗·维埃耶于 1884 年发明了无烟火药，保罗·埃维耶的无烟火药不但燃烧时不留残渣，不发或只发少量烟雾，而且能产生惊人的弹道效果，这使火器的喷射口径可以很小，而射程、弹道平直性和射击精度则大幅度提高，并使连发兵器由手动变为自动。这在三年之后成为各大工业国的共同发明。

瑞典人艾尔弗雷德·诺贝尔则发明了硝化纤维与硝化甘油火药。这两种火药都是在"火棉"的基础上研制出来的。瑞典的诺贝尔兄弟为硝化甘油火药的研究倾注了他们全部的心血（图 42）。在实验中，一次可怕的爆炸夺去了弟弟路易的生命。哥哥艾尔弗雷德则继续以大无畏的精神进行反复试验，终于获得了成功。

图 42

1866 年，艾尔弗雷德·诺贝尔在一次实验中不小心打破了一只内装硝化甘油的小瓶子，流出来的硝化甘油液体竟然被瓶下起保护作用的惰性粉末——硅藻土吸收了。诺贝尔惊奇地发现，二者的混合物不但保持了炸药原来的性能，而且要比硝化甘油稳定得多，使加工制造更为方便，这就是一种新型炸药——"达那马特"的诞生。

到 1871 年，诺贝尔又将 10 克硝化纤维溶解在 100 克硝化甘油中，制得了一种类似树胶的爆炸凝胶，这就是胶质达那炸药。

诺贝尔在西方乃至世界炸药发展历史上做出了巨大贡献。他生前立下遗嘱，用他研究和制造炸药所积累起来的万贯家产，设立五个年度奖金，并在 1901 年 12 月 10 日，即诺贝尔逝世一周年纪念日，首次颁发给在物理学、化学、医学和生理学、文学、和平等领域里做出杰出贡献的学者。1968 年，又增设了第六项奖金即政治经济学奖金。这就是诺贝尔奖的来历。

20 世纪初期，英国的内森爵士和林图尔改进了诺贝尔的试验仪器，设计出铅质分解硝化器。1923 年，施米德研究出硝化甘油的连续制造工艺。1938 年，马里奥·比亚齐首次使用不锈钢设备来生产硝化甘油……

图 43

火药仍在现代战争中起着巨大作用，作为常规武器，它爆炸后的灾难性后果虽远不及核武器（图 43），但它的现代化发展和应用是非常值得关注的。火药在现代化的和平建设事业中所具有的巨大威力也正在日益显露出来。

印刷术的发明故事

从人类文明史的角度看，印刷术具有极为重要的意义。可以说，没有印刷术，就没有人类文明的传播，就不会有人类的教育、科技及整个文化事业的发展，也就不会有整个人类精神文明水平的提高。正因为印刷术的重要性，人们曾把它称为人类的"文明之母"。16 世纪至 17 世纪的英国哲学家弗兰西斯·培根在看到中国的四大发明传到西方后所发挥的巨大历史作用时，就给予了极高的评价。他认为包括指南针在内的发明"曾改变了整个世界的面貌和事物的状况……从那里接着产生了无数的变化，变化是这样之大，以致没有一个帝国，没有一个学派，没有一颗星星能比它们在人类事业中产生的力量和影响更大"。现在回过头来看，培根的评价是恰如其分的。直到今天，我们仍不能低估印刷术的历史作用。而就印刷术自身来说，却不是一开始就是今天这个样子的：电脑输入和排版，激光照排和印刷……

图44

它经历了一个漫长的历史过程，这个过程先是在中国，后来又在欧洲逐渐地演化过来。

真正的印刷术即雕版印刷术，是在唐朝出现的（图44）。因此，接下来讲的只是印刷术的"前史"，或者说真正的印刷术产生的技术和文化条件。

印刷术来源于中国很早就延续下来的刻字和拓印的传统。相关的工艺主要表现在三个方面，即刻字技术、印章技术和刷印技术。

中国的刻字技术有悠久的历史。上古文字是刻在龟甲和兽骨上的，殷商留下来的有的甲骨文字刀法已经楚楚可观。此后，刻在青铜彝器上的金文、石刻铭文等，有很多都是相当精美的艺术品。中国古代的石刻最有特色。唐朝初年，在陕西凤翔就发现了10块石鼓，每块上面都刻着一首四言诗，这就是著名的"石鼓文"（图45）。经研究证明，这是春秋初期秦襄王时所刻，现在还保存在北京的故宫博物

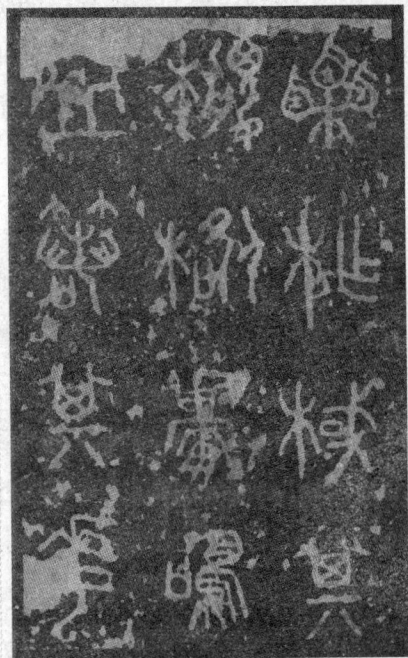
图45

馆中。秦始皇统一全国后，就巡游各地，并留下了许多石刻。后来，就有人想把整本书的文字都刻在石头上，当做读本——这或许就是最早的"书本"。再后来，又有人在石碑上摹拓，古人又叫墨拓、捶拓，实际是一种复制方法，大概也是最原始的印刷了。

同时，作为印刷术的其他物质条件，如纸、笔、墨等都相继问世。笔和墨在先秦时期已经使用，商代已有原始的笔，春秋时已能制造毛笔。汉代时发明了纸和人造松墨。公元3世纪时，韦诞造的墨达到了"一点如漆"的程度。松墨既是优良的书写原料，也是印刷技术方面上好的着色原料。而纸从汉代到三国、两晋、南北朝时已被普遍作为书写材料了。

另一方面，由刻字技术演化来的反文印刷原理和技术也不断发展起来。"摹拓"就是这种反文印刷。到南北朝时，刻字技术则独辟蹊径，创造出新的意境。如北魏太和22年（公元498年）洛阳老君洞始平公造像石刻的阳文楷书，北齐马天禄等造像碑的阳文隶书，梁萧景神道石柱的反刻字等。这些都说明，中国古人已经熟练地掌握了阳文、反刻的刻凿技术，为雕版印刷术准备了较高水平的刻字工艺技术条件。

与刻字相仿的还有印章。印章究竟起源于何时，现在还难以考定，以现有的材料看，在战国时期，印章就已开始流行。随后，汉玺兴盛起来。道教发展后又有符印产生。按照葛洪在《抱朴子》一书中的记载，古人入山要佩戴"黄神越章之印"，以躲避山鬼猛兽，该印宽约4寸，上面刻有102字（图46）；若是阳文反刻，就俨然是一块雕版了。

图46

在刻有文字的木板或石板上刷墨印物就叫刷印。刷印之前的印物有两种形式：一是用印章刊印文字，即用蘸墨印章向下刊在诸如封泥、帛、纸之类的印物上，这样出现的是白底黑（或其他颜色）字。二是拓印，即摹拓。至今，人们，主要是成年人，都还在广泛使用印章，甚至众多的机关、单位的"公章"也都还是这种印章。而拓印在雕版印刷出现以前曾被广泛使用。

我们现在知道，拓印、刊印都不是印刷术，但如果没有它们的产生和发展，也就不可能有真正的印刷术的诞生。

雕版印刷术的发明

雕版印刷又叫做刻板印刷（图47）。它被发明的具体时间，最早有人推到东汉桓帝延熹八年（公元165年）。因为在这一年，山阳高平县人张俭由于得罪了宦官侯览，亡命出走，朝廷"刊章讨捕"，用加盖印信（"公章"）的政府文件传达到各个外府追捕张俭。元代人王幼学注释，"刊章"就是"印行之文，如今板榜"，印刷发行的文件就像今天排版印刷的文章一样。于是，清朝人郑机首先倡议，我国的雕版印刷始于汉代。

图47

较可信的说法就是雕版印刷发明于隋朝。隋朝人费长房在《历代三宝纪》中写道，开皇十三年（公元593年）十二月八日，隋文帝杨坚下令崇佛，诏书中有"废像遗经，悉令雕撰"等语。明代人陆深在《河汾燕闲录》上卷称，这就是"印书之始"，此时也为雕版印刷术发明之日。后来，胡应麟、方以智、阮葵生等大家也都做出了同样的主张。当然，这种说法是有争议的，清代王士禛就认为"雕者乃像，撰者为经"，即雕刻佛像，撰著佛经，而不是雕版印刷。但在《隋书》和《北史》等史书中，也有关于隋代出现雕版印刷的记载，何况那时已经具备了印刷术产生的各种条件。

雕版印刷是这样一个过程：先找一些质地较好的木板，如梨木或枣木做成的板，再把字写到纸上，把纸贴在板上，用刀把字刻出来，这样印板就出来了。在印板上刷上墨汁，再把纸张盖在印板上，用刷子轻刷，然后揭下印纸，就成了带字的印刷品。

在唐朝，雕版印刷已有相当规模的发展了。它主要用于三个方面：

首先是宗教印刷。在隋唐时期，统治者都非常重视佛教和道教的传播，尤其是佛像、佛经得以大量印行。在唐初，到印度取经的著名高僧玄奘带回了许多佛教经典，在唐玄宗的授意下，翻译、印刷工作得到巨大支持和发展。尽管当时的印刷技术还处于"初级阶段"，印出的书籍字迹常常模糊不清，质量很差。但是，也出现了不少精美的印刷品。1966年，学者们考证了一本在朝鲜发现的刻本《陀罗尼经》，大致刻于公元704年至

751年间，是目前世界上发现的最早的印刷品，应是在唐都长安翻译和印刷出来的。最为精美的当属1900年在敦煌千佛洞发现的一本《金刚经》（图48），在公元868年由王阶出资刻印，为现存世界上第一部标有年代而又最为完整的雕版印刷品。《金刚经》的扉页上画着一幅释迦牟尼佛对须菩提说法像，画面布局严谨，繁而不乱，线条流畅，笔法简洁，具有很高的艺术价值。全书共七页，粘成一幅，长16尺，保存完好。唐代人冯贽在《方仙散录》中写道："玄奘以回锋纸印普贤像，施于四方，每岁五驮无余。"说的是初唐时期，玄奘大量印刷发行佛像佛经。

图48

　　二是文学印刷。唐代著名诗人的诗作已印刷成书，广为流传。如大诗人白居易的诗集就经常被人拿去印刷，然后卖了，换酒茶饮用。雕版印制的《唐韵》五卷和《玉篇》30卷的出现，说明多卷本的书籍已大量印刷，并被由日本来华的名僧宗睿带回日本。唐末，在成都还印有一些教学用书。

图49

而在唐贞观十年，长孙皇后去世，宫司呈上她所写的10篇《女则》，皇帝阅后大为惊叹，认为这书"足垂后代，令梓行之"，就大量印行这本内容严肃、具有较高道德教育价值的书。

　　三是科技印刷。大多是农书、历书和医书（图49）。唐中期，都城长

安的市场上就有类似今天"新华书店"的铺子，公开出售这些书籍。甚至有些商人就自己组织力量，印刷历书、医书等。在官府正式颁布新历以前，就有商人提前印出新历，并在市场上出售。到唐后期，这种非经政府许可的民间印刷行为引起了皇帝的重视，以至于屡遭禁止。但科技书籍的大量印刷极大地推动了唐朝文化的繁荣。

到五代时，雕版印刷在全国已相当普及。当时有毋昭裔印行《文选》，冯道印制六经，儒家经典得以更广泛地传播，几乎没有什么书不可以版印了。这为宋代印刷业的繁荣奠定了坚实的基础。

活字印刷术的发明

现在，我们的印刷厂都使用机器了，其中不少还在使用活字印刷术，不过不是古代的泥活字或木活字，而是铅活字。可见，宋代平民毕昇发明的活字印刷术已经连续使用近1000年了（图50）。

图50

宋代科学家沈括在《梦溪笔谈》中对毕昇发明活字印刷术进行了描述。毕昇用胶泥刻字，一个泥活字就是一印，用火烧硬。在一块铁板上放一个铁框，在框内排满泥活字，再放上蜡和松香之类的东西，然后放在火上加热，蜡和松香等遇热熔化，把泥活字连在一起，再用一块平板将活字压平，冷却后就成了活字印版。印完后，印版一加热，活字就可以取下来，以备再用。像"之"、"也"之类最常用的字，就烧制几个或几十个，保证一版中没有缺字。有的偏僻生字可以随时烧制。为提高效率，准备两块铁板，交替使用，一版印刷，另一版排字。第一版印完，第二版已排好，从而提高了印刷速度。

毕昇是在杭州发明活字印刷术的，因为杭州是当时著名的刻书中心，人人都对刻板印书的困难深有感触，毕昇创意烧制活字是很有现实条件的。

显然，活字印刷是雕版印刷术发展的结果。但据沈括的记载，毕昇之所以用泥而不用木制作活字，是因为"木理有疏密，沾水后高下不平，且与药相黏不可取"，这说明当时已有人尝试过木活字印刷。无论如何，活字印刷比起雕版印刷来无疑具有很多优点。比如，活字可以重复使用，节省了大量的人力和物力；发现了错误，可以随时更换，印刷质量较高；制版也快，印刷速度大大提高，有利于大部书籍的印刷。

但是，活字印刷术毕竟刚刚诞生。在宋代，它还处于试验阶段，当然也会有不少缺点。有些人就以此否定活版的优势，致使这一技术未能很快推广开来。宋元时期，雕版印刷仍占据主导地位。只是在南宋时，姚枢曾教弟子杨古用活字版印书，并印成朱熹的《小学》和《近思录》等书。但是，今天人们很少见到流传下来的宋代活字印本实物，这使一些史学家认为这一技术因印书质量较差而"失传"了。

活字印刷术在元朝逐渐成熟。著名的《农书》的作者王祯说有人曾改进毕昇的泥活字为瓦活字，还有人"铸锡作字"（图51），可见活字印法并未失传，而是仍在摸索、试验和改进之中，但效果仍不很理想，最大的缺点就是王祯所说的"难于使墨"，就是瓦字或锡字吸水性差，用水墨印时，字迹往往不够清晰。要进一步改进，有两种途径：一是选取吸水性较好的

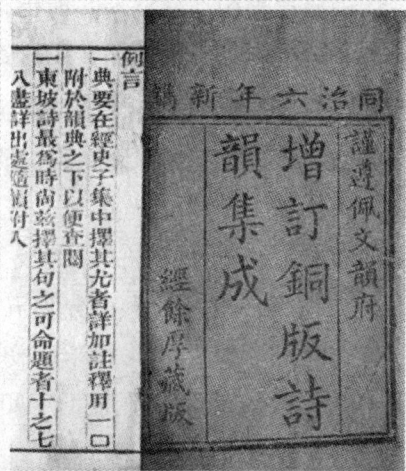

图51

材料做活字；二是改变印墨，增加墨的浓度和附着性。王祯选中第一条路。虽然毕昇抛弃了木活字，但王祯还是在改进的基础上创制了木活字，因为木质的吸水性比瓦、锡强，又因为木活字也存在着不易与黏合剂分离的缺点，王祯就不用黏合剂，而用竹片作为界盏，四周用木楔塞紧，使用效果较好。他在担任安徽旌德县尹时，让工匠制木活字3万多个，运用他所发明的转轮式检字盘，排字"按韵取字"，非常方便地印刷了有6万多字的《旌德县志》100部，费时不足一月，效果很是令人满意。这是我国有记载的

改变人类生活的发明

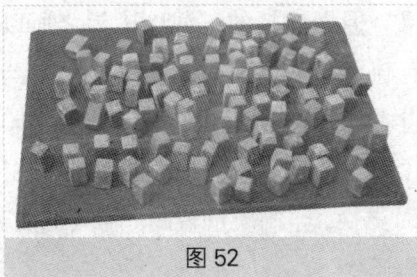
图 52

第一部木活字印本，也算是当时用水墨印刷的最佳方案了。

此后，元代还出现了铜活字（图52），如元统元年（1333年）以后不久的活字印本《御试策》，就是被史学家称为"世界上现存最早的铜活字版所印成的书籍"。明代无锡人华燧在铜活字印刷术上也做出了巨大贡献，并使之在明清时代得以广泛使用。到明代，人们还创制了铅活字，在常州就有人用铅活字印刷书籍。铜活字和铅活字在把水墨改为油墨以后，印刷效果就真正超越了木活字。清朝前期的"百科全书"——《古今图书集成》就是用铜活字印刷的。

由毕昇初创、经过200多年到元初产生较好效果的木活字印书法，历经多次改进，足见毕昇的活字法具有深远的社会影响，几百年来被后人不断发扬光大。有趣的是，即使在清代，铜、铅活字都已流行的时候，人们对泥活字和木活字还有深厚的感情（图53）。比如，清代道光年间，安徽泾县的翟金生按毕昇的方法，制成10万多个泥活字，按字的大小分为五种字号，并用它印刷了《泥版试印初编》等书。另外还有不少人用泥活字印书，至今，北京图书馆还保存着好几种清代人用泥活字印的书。而在乾隆年间，

图 53

清廷还用枣木制成木活字253500多个，先后印成《武英殿聚珍版丛书》138种，共2300余卷，这是我国历史上用木活字印刷的规模最大的一套书。

从元朝开始，活字印刷术就开始向中亚传播。今天，在敦煌千佛洞发现的元朝维吾尔文木活字就证明了这一点。后来传入欧洲，据考证是由蒙古人经过俄国传入德国的。活字印刷向东传入朝鲜的时间较早，又经朝鲜传入日本。欧洲最早的谷腾堡的活字约在1444年到1448年之间，比毕昇晚了400年。

印刷术在西方的发展

在隋唐宋元发明和改进印刷术的时候，曾经迅速把造纸术传到西方的阿拉伯人，却没有积极地通过西域和海陆接受中国的印刷术，并将它传入西方。这可能是因为信奉伊斯兰教的阿拉伯人认为，印刷《古兰经》是对先知真主的不尊重吧。直到元朝横跨欧亚的蒙古大帝国建立起来，教皇圣·路易和罗马教廷与可汗建立了往来关系之后，印刷术才迅速传入西方。在这个时期，东西方的文化交流十分频繁，欧洲人便很快掌握了活字印刷术。

在 1400 年至 1440 年间，西方人还在使用雕版印刷。到 1440 年～1450 年间，德国印刷工人谷腾堡同几个工人合作发明了铅活字印刷术。他还改进了铅字的材料，发明了铅、锑、锡合金，对提高活字质量，长期保存活字做出了贡献。1455 年（明代宗景泰六年），谷腾堡用铅活字印刷了《圣经》，这是用活字印刷的第一部拉丁文《圣经》（图 54）。《圣经》的印刷使大批平民知识分子可以直接阅读这本原来由教会垄断解释权的经典，并有了自己的理解，由此激发了路德领导的

图 54

宗教改革，成为西方启蒙运动的重要发轫点。1465 年，谷腾堡又创办了一家印刷厂。1470 年，索邦神学院（今巴黎大学前身）印刷了第一本法文书，但其原版书于 16 世纪初散失。

谷腾堡发明的印刷机使用了四个世纪。17 世纪初，法国还出版了自己的第一份报纸。此后，西方人在印刷机械的改进和完善上做出了巨大贡献。

法国迪多用铁版台代替木版台（版台就是安装印版的水平台面），还研制出"一次性印刷机"，将印刷速度提高了一倍。1737 年，他还制定了活字的"点"制，统一了活字规格。几乎同时，英国人斯坦厄普用全金属印刷机取代了木制印刷机，使每天的印刷效率提高了 10 倍（相对于谷腾堡的速度）。到 1811 年，因为蒸汽机的广泛应用，德国人克宁造出了蒸

汽机驱动的印刷机，不久，他又同阿·鲍尔合作，制作了第一台滚筒印刷机和其他几种印刷机。当时在英国，一台印刷机一夜间可印出4000份伦敦版《时报》。

1845年，一台新型的轮转式印刷机由法国人沃尔姆和菲利普开始研制（图55），但因弧形印版的制做有很大困难，这台新机器迟迟未能问世。直到1866年，才由制版专家尼古拉·塞里埃和机械制造商马里诺尼合作研制出来，并立即用于印刷《自由报》。当时发明印刷机似乎是赶时髦的事情，约瑟夫·朱尔·德里则早在1863年就为他的轮转式印刷机申请了专利。

图55

美国人在这方面也不甘落后。1845年，理查德·霍取得了报纸轮转印刷机的专利，到1881年，经过不断改进，它已经能够在一小时内印出2.5万份八页的报纸来。20世纪后，类似的印刷机每小时已能印出70万份四页的报纸。奥托玛·默根特勒研制的一种能够整行地铸出铅字的机器（即整行排铸机）于1886年投入市场，它最初是为《纽约赫勒尔德论坛报》发行商制造的。1887年，托尔伯特·兰斯顿发明了单字排铸机（图56），它每小时能铸出9000个铅字，比整行排铸机多4000个。石印专家鲁贝尔于 1904 年发明了胶印，这是在改进石印工艺的基础上发展起来的。它和石印一样属间接（转移）印刷，不过所用印版是锌纸版，这使印刷速度大大提高，可进行大规模印刷。现在，我国不少地方的一些小型印刷厂仍然延续这种胶印。

图 56

石印的发明人是波兰的阿洛伊·逊纳菲尔德。1796 年，他用油性软黑铜笔在石灰石上画图写字，将石灰石浸入水中，石上图文部分不沾水，空白部分则吸水；再在石块上涂油墨，空白部分因有水而拒墨，图文部分和干的部分吸附油墨，将这样的石印石放在印刷机上，就能复制出原先描画上的图文来。后来，他又用拒墨性较好的阿拉伯树胶和硝酸溶液代替了水。

奥地利人卡尔·克利施还在 1875 年发明了照相凹版印刷工艺。他将图文拍照在软片上，晒到涂有感光胶膜的碳素纸上，再转移到印版滚筒上，最后用酸液腐蚀而成；金属版面的凹陷部分有油墨，用刀先将滚筒表面的油墨刮取干净，留在凹部内的油墨接触纸而转移到纸上。这一印刷工艺曾被广泛应用于画报、商品目录和商标的大规模印刷上。

随着光电技术的发展，1944 年，法国人伊戈内和穆瓦隆发明了光电管自动照相排版机（图 57）。它可以直接选择活字，通过镜头曝光，在感光片上感光排字。

图 57

18 世纪至 20 世纪还发展了一系列印刷辅助机器，如詹姆斯·瓦特发明的复印机（1773 年）、意大利人佩莱格里尼·图里发明的打字机（1808 年）、马林·汉森神甫发明的打字机（1870 年投入商品生产）、作为现代打字机鼻祖的英国人克利斯托弗·莱瑟姆·肖尔斯发明的键盘打字机（1876年）、爱迪生的蜡纸复印机（1877年）、迪克的油印机（1887年）、匈牙利人杰斯特纳的使用蜡纸的轮转型油印（复印）机（1881年～1888年）、美国人乔治·C·布利肯斯德弗的手提式打字机（1889年）和撒迪厄斯·卡希尔的电动打字机（1901年）等，以及美国人贝德勒的照相复制技术（1903年）和雷克蒂格拉夫公司的照相复制机（1907年生产，1960年以后普及）、卡尔·米勒的干片影印法（1944年），都极大地推动了印刷技术和印刷出版事业的迅速发展。其中，1938年10月22日，美国人切斯特·卡尔森用

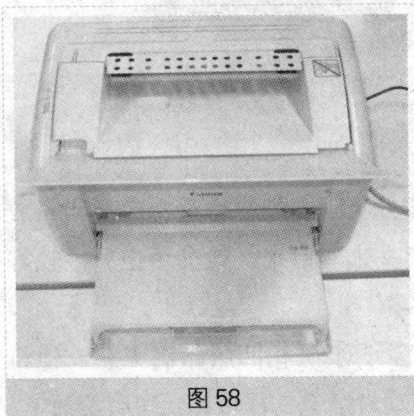

图58

干板光电复印法复制了一张图。1939年至1944年，他向20家印刷厂推荐他的这项专利技术，均遭拒绝。1944年至1947年，印刷厂才同他签订了生产合同。直到1959年，第一台干板光电复印机xerox914问世，每分钟可以复印九张文件（图58）。到80年代生产的xerox9400型，则可达每分钟120张。这种复印机此后很快在全世界普及。

扁鹊"四诊法"的发明故事

战国时，有一位名医叫秦越人。他年轻时，拜民间医生和桑君为师，研习医术。从师过程中，他勤奋刻苦、谦虚好问，在老师的悉心点拨下，医术大进。后来，他四处行医，替人治病。由于他诊断准确、药方灵验，仿佛能用肉眼透视人的五脏六腑，于是人们便用传说中黄帝时代名医"扁鹊"的名字来称呼他（图59）。这个称号渐渐流传，以至于人们几乎忘记了他的真名。

有一天,扁鹊行医到了齐国境内。齐桓公听说名医扁鹊来了,便接见了他。言谈之中,扁鹊发现齐桓公说话时声调有些滞涩,脸色也不大正常(图60)。在一番仔细的观察之后,他对齐桓公说:"您得病了。"

齐桓公不以为然,说:"哪里哪里,我心宽体胖,身体硬朗着呢。"

扁鹊坚持说:"您确实得病了,不过目前还很轻微,只在肌肤表面有些病邪,稍微热敷一下,就能治好。"

图59

齐桓公毫不在意,甚至在扁鹊告辞后,对左右说:"江湖医生大都徒有虚名、往往靠医治无病的人来炫耀自己的本领。"

左右听了,连忙齐声附和道:"简直是沽名钓誉!"

过了几天,扁鹊又见到齐桓公。他直盯着齐桓公的脸,凝视片刻,表

图60

情严肃地说:"您的病已经发展到了肌肉和血液里,若不及时治疗,恐怕要加重。"

齐桓公付之一笑,根本没有把扁鹊的话放在心上。

又过了几天,扁鹊要求朝见齐桓公。一见面,他就焦急地对齐桓公说:

"如今您的病已侵入内脏，要是再不治疗，就有生命危险了。"

齐桓公一听，右手一摆，干脆下起了逐客令。

扁鹊一片好意，却屡遭冷落。不过，作为一位医生，职业道德促使他又一次求见齐桓公。谁知这次一见齐桓公，他就急忙转身离去。

齐桓公见状，觉得十分奇怪，忙派人去问是怎么回事。只见扁鹊摇着头说："病在体表，热敷就能解决问题；病入血脉，针灸能起作用；即使病入内脏，汤药也可医治。但是，如今齐侯的病已深入骨髓，谁也无力回天了，我还能说些什么呢？"

果然，不出数日，齐桓公病倒，全身疼痛。他急忙派人去找扁鹊。这时，扁鹊已离开齐国。不久，齐桓公就病死了。

还有一个"起死回生"的故事，说的也是扁鹊行医的奇闻。

当时，扁鹊带着弟子来到虢国，正赶上虢国在为猝死的太子大办丧事，举国上下一派悲痛的气氛。

扁鹊来到王宫门口，听见太子的几个侍从官员在私下议论：太子平日身体好好的，怎么突然不省人事、撒手而去呢？扁鹊急忙上前，详细地询问太子发病的经过和尸体的情况。

侍从七嘴八舌对扁鹊说了一番，扁鹊听后，凝神了片刻，便大步流星地往王宫里走，说："快去报告大王，说我也许能将太子救活。"

侍从们半信半疑地将扁鹊迎进王宫。虢国国君正沉浸在痛失太子的悲痛之中，见有人说能救活太子，赶紧亲自起身迎接扁鹊。扁鹊仔细地检查了太子的"尸体"，用耳朵贴近太子的鼻孔，果然发现里面若断若续地有一丝气息，鼻翼也在微微翕动，而且大腿根和心窝还有一点点热气；再仔细给太子搭脉，感觉隐隐约约地尚有脉动，只是异常微弱。

根据这些情况，扁鹊断定太子并没有死，只是得了"尸厥症"（按照现在的说法，就是"休克"），只要救治及时，还有希望救活。扁鹊连忙吩咐徒弟递过银针，开始在太子的头顶、胸部、手脚等部位的穴道上扎针，又用熨贴药交替热敷在太子腋下，并灌下温热的汤药。

不一会儿，太子就慢慢地苏醒过来，虢国国君高兴万分，连称扁鹊："你真是神医！神医啊！"

扁鹊让太子又连服了20多天汤药，太子竟然完全康复了。

面对如此高超的医术，人们简直不敢相信自己的眼睛。从此，"起死回生"的美名让扁鹊在青史上流芳千古（图61）。

据史籍记载，扁鹊生前曾把前人流传下来的许多诊断疾病的方法加以

图61

系统的总结，并归纳成"望、闻、问、切"四种方法，简称"四诊法"。望，就是观察病人的神态、脸色、舌苔；闻，就是听病人说话的声音、咳嗽、喘息，并且嗅出病人的口臭、体臭的气味；问，就是询问病情、病史；切，就是搭脉搏和触摸肌肤、胸腹等处。这种"四诊法"直到今天还在普遍使用，是中医辨证施治的重要依据。这种传统的"四诊法"，已流传了2400多年。

医圣张仲景的发明故事

我国东汉末年，有一位伟大的医学家叫张仲景（图62）。张仲景医术精湛，医德高尚，被人们称为"医圣"。

张仲景不仅在研究医学理论上有重大的建树，他也很重视普通劳动人民积累的经验，不耻下问，经常用从民间获得的治病单方，来丰富自己的知识。

有一天，有一个病人头痛得厉害，便求张仲景给他医治。张仲景早就知道这种病是一种难治的病，可人家找上门来，总不能说不治吧。于是，他给病人开了三副药，并对他说："回去煎汤喝，如果不见效，你再来。"

三天后，那个病人果然又上门来了，他一进来就说："先生，你开的

第一章 中国部分

图62

药我吃完了，可一点儿也不管用嘛！"

张仲景换了几种药，让他回去继续服用。可张仲景心里明白，这副药也未必能有效。真给他料到了，没过几天，那个病人又来了，一见张仲景，他就说："先生，还是不行嘛，我的头还是照样痛。"

这一下，张仲景也为难了。他医治过许多病，可就是这种病，他一直医不好，令他感到头痛，束手无策。

没有办法，张仲景只好再给病人调换几种药，想让他再试试。这时，在一旁等候看病的一个老头说："治这种头痛病，有一个人最拿手。"

张仲景听了，连忙问道："请问那人是谁？家住哪里？姓甚名谁？"

"南山洼，叫郑治怀。我们村上有个人头痛，就是他治的。"

"噢……"张仲景心中一阵惊喜，没想到自己一直难以医治的头痛病，有人能治好。他当即决定，一定要去拜访拜访这位郑先生，向他请教。

第二天一早，张仲景一路打听，步行了几十里，来到了南山洼。山脚下有几户人家，他经过询问，找到了郑先生的家。

敲了半天，也不见有人来开门。张仲景正在犹豫，隔壁走出一位老奶奶。他连忙走上前，问道：

"请问老人家，郑治怀先生是否在家？"

老奶奶听了嘿嘿一笑说："他哪里是先生哟，只是一个樵夫。一大早就上山砍柴去了。"张仲景听后，心中一惊：一个樵夫能看好头痛病，不简单！不简单！我一定要见见这位樵夫。

张仲景等啊等，一直等到日头挂上西山尖，仍不见樵夫回来，他只好先回家了。

第三天，张仲景又来到南山洼，没想到樵夫又上山砍柴去了，他又扑了空。张仲景一点也不灰心，他想明天再来。

第四天，张仲景起了个大早，急忙忙地赶到了南山洼。这回樵夫在家，张仲景上前问道：

"请问，您可是郑治怀先生？"

樵夫听了一愣，眨眼又乐了起来，忙说："不敢，不敢，我只是一个砍柴的樵夫。"

张仲景诚恳地说道："听说您能医治头痛病，那就是先生，张仲景特地来向您求教。"

樵夫望着眼前这位医圣张仲景，赶忙施礼道："你才是真正的先生，失礼，失礼！"

张仲景摆摆手："哪里，哪里。我是来向您求教医治头痛病的良方。"

樵夫见张仲景谦虚过人，深受感动，便讲述了自己治头痛病的经过："有一天，我上山砍柴，突然头痛的老病复发，只觉得头晕目眩，天旋地转，便跌跌撞撞地下山回家。路上不小心，被一块石头绊了一下，碰破了脚趾头，出了一点血。说来也怪，我的头很快就不痛了。后来，我的头痛病又犯了，又偶然碰破了脚趾头，头痛病就又好了。从那以后，只要我头痛病发作时，我就有意地刺破这个脚趾头。没想到还真有效果，一刺就好，每次都很灵验。"

张仲景饶有兴趣地听着樵夫的叙说，又仔细看了看樵夫的脚趾头，发现被刺破的部位正是"大敦穴"的穴位。

这时，张仲景忽然领悟到：原来，刺激大敦穴可以抑制头痛。他连声称赞道："妙，妙！"

回到家，张仲景就仔细研究起来，用什么办法来刺激人的大敦穴呢？总不能让病人去踢石头吧！想了很久，他也没想出什么好办法。

隔天，张仲景给一个病人扎针。他拿起银针，心头陡然一亮：对！用银针来刺激大敦穴，一定可以。

没过几天，一位头痛病的人来就诊。张仲景取出一枚闪闪发亮的银针，迅速在病人的大敦穴位扎了下去，并轻轻地捻动起来。不一会儿，病人的头就不痛了。

病人连声说:"先生,你真了不起!"

张仲景却说:"不是我了不起,是那位樵夫了不起!"

药王孙思邈的发明故事

唐太宗李世民得了重病,这可急煞了太医。太医们忙不迭地号脉,商量着开药方,一连几天忙下来,却像将药泼在石头上,不见一点儿疗效(图63)。太医们一个个胆战心惊,万岁爷的龙体治不好,那可不是闹着玩的事,万一出了差错,脑袋就不在脖子上了。他们个个像热锅上的蚂蚁,可就是诊断不出万岁爷得的是什么病,连病都诊断不出,就这么胡乱折腾,万岁爷的病怎能治得好!

图63

一天,太医们给皇上号了脉,退出寝宫在外面商量处方。他们一个个眉头紧锁,谁也不肯提个头,说出自己的意见来。谁都知道其中的利害,事情到了如今,谁第一个开口,别的人肯定附和,若是有了差错,一个个都会把责任往第一个开口的人的身上推。这些太医们,医术确实不差,不过,如何在宫里混饭吃的本事也老到家了。

突然,一位太医将脑袋一拍,说:"陛下龙体欠佳,我们费尽了心思也束手无策,是不是请孙思邈来,给皇上诊治诊治?"他一开口,众人连忙点头称是。他们的意见得到了唐太宗的恩准,唐太宗立即下诏,传民间名医孙思邈。

提起大名鼎鼎的孙思邈，可谓无人不知，无人不晓，许多别人治不了的疑难杂症，他能手到病除。不过，他不愿呆在宫廷里侍候皇上一家子，所以一直住在民间，为广大百姓治病。他的医术医德，是有口皆碑的。

皇上下了诏，孙思邈当然不能抗旨，立即随同使者赶往京城。见了太医，免不了向他们问问皇上的病情，太医们支支吾吾，谁也不肯多说一句。孙思邈知道他们的心思，鄙视地扫了他们一眼，随同太监进了寝宫。他仔仔细细给唐太宗号了脉，躬身退到外间，凝神沉思起来。太医们眼巴巴地望着他，只盼他早点儿开出药方，生怕他将两手一拱，说几句客套话，将这副重担仍然留给他们。过了一盏茶的功夫，孙思邈紧皱的眉头舒展了，太医们提在喉咙口的心终于落了下去。只见他奋笔疾书，开出一张药方，太医们连忙接过去，吩咐太监立即抓药、煎药。

经过孙思邈的悉心诊治，李世民的病没过几天就痊愈了。唐太宗李世民想把他留下来，可孙思邈怎么也不肯，他不要荣华富贵，他要把自己的医术无私地奉献给广大人民。李世民见实在留不住他，赐予他最高荣誉，封他为"药王"，让他回到了民间（图64）。

"药王"回到民间，名气就更大了。不要说名医们不敢跟他平起平坐，就是达官显宦也对他礼让三分。他给

图64

人看病，患者若是富豪，再多的"赞敬诊金"他都"笑纳"，患者若是穷苦百姓，他不仅不收诊费，连药也一起奉送，因此，百姓们对"药王"爷爷奉若神明。

一天，两个年轻人扶着一位腿疾患者前来就医。这位患者腿部疼痛难忍，先后请了好几位名医诊治，都没有疗效，后来听说"药王"爷爷能包治百病，就由两个儿子陪同来到了孙思邈这里。孙思邈先细心询问了病情，然后又给他切脉，认定这不是难治的病，决定双管齐下，一面给他服汤药，

一面给他针灸。

意想不到的事发生了。经过几天的治疗，患者的腿痛不但没治愈，病情还有加重之势。患者失望了，孙思邈也陷入了沉思。他几经望、闻、问、切，断定自己当初的判断没错。医治这种病就应以针灸为主，以汤药为辅，为什么这种疗法对其他的患者百试不爽，对他却丝毫不起作用？是扎针的穴位不准？不会，自己行医这么多年，连这些常见的穴位都扎不准连自己也不相信；是汤药不对？不会，根据医书记载和自己行医的经验，是该用这几味药，要是连药方都开错了，自己情愿砸了御赐的"药王"匾。想着想着，他心头一亮：不同的人穴道的位置可能有差异，除医书上记载的穴位外，也可能有新的穴位。

想是这么想，可不能在病人的腿上乱扎针！怎么办？他决定先在自己的腿上试。他在医书上没有载有穴位的地方一连扎了几十针，发现有几处有酸、麻、痛的感觉，他喜不自胜，决定选用新的穴道给患者扎针。

第二天一早，他让患者平卧在床上，把腿伸直，自己在患者的腿上一分一分往上掐，问患者疼不疼。起初，患者一直说不疼，掐到一处，患者忽然嚷了起来："疼得厉害！疼得厉害。"，孙思邈连忙拿起银针，在这里扎了下去。说也奇怪，银针刚一扎下去，患者便有了酥麻的感觉。过了

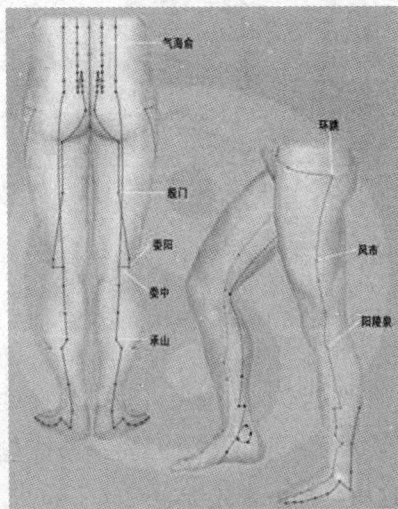

图65

一柱香的功夫，孙思邈将银针拔了出来，患者便说疼痛减轻多了。孙思邈默默地将部位记住，决定明天再在这里下针。

一夜过后，孙思邈又准备给患者针灸。当他满怀信心地掐住昨天针灸的地方，患者却说不痛了。孙思邈心里"咯噔"一下，不禁愣住了，他略一沉思，意识到患者的病情改变了，穴位可能也有所变化。他又依照昨天的办法寻找穴位，直到患者喊疼才扎下去。一连几天，孙思邈都用这个办

法扎针，每次扎的部位都不同。这种新的方法确实有效，没过多少天患者的腿疾便好了，可以像常人一样行走，再也不用别人搀扶。

以后，孙思邈又发现了几个手疼、肩疼、腰疼的患者，他们也是扎常规的穴位无效，掐试到痛处扎下去则有效。孙思邈想把这个方法传播开去，为更多的患者造福。要想把这套绝技传授给别人，总得给穴道取个名称呀！这个穴道没有固定的部分怎么取名呢，孙思邈陷入了沉思。忽然，他想到，有一位病人掐到痛处时，高声喊道："啊，是，是这里！"好，那就叫"阿是穴"吧（图65），这倒是个绝好的名字！从此以后，"阿是穴"便广泛传播开了，后来许多著名的医生都掐试寻找"阿是穴"，给患者医治病痛。

王惟一发明的铜人

一千年前，宋朝有个太医署，是专为皇帝和贵族官僚治病的机构，王惟一就是那机构里教针灸的先生（图66）。

在教学过程中，王惟一觉得有些书上说人身上有 365 个穴位，还有些书上说穴位只有 354 个，位置也有所不同。这种混乱的情况，对于针灸传播发展非常不利。穴位不一致，教的人有困难，学的人也不容易学好。

王惟一就向皇帝宋仁宗写了一道奏章，指出穴位的数目、位置、治疗的方法和注意事项，都应当统一起来。宋仁宗却根本不理会这样一件关系到人民生命的大事。王惟一先后写了多道奏章，都石沉大海，音讯全无。

得不到皇帝的支持，王惟一毫不

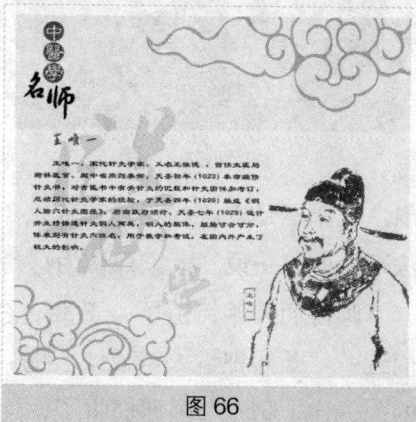

图66

气馁。他把古书上的记载和前人的经验，结合自己在医疗实践中的体会，仔细核对了人身上所有的穴位，一一加以订正，还画了一幅人体图，把所有的穴位统统标在图上。这个附有穴位的人体图，就叫《明堂图》。

有了这张《明堂图》，穴位的位置固定了，名称也统一了，老师和学生都感到方便多了。

时间一长，王惟一又觉得不行，因为人的身体是立体的，《明堂图》画得再高明，也只是一幅平面图，总不能把穴位的位置表示得十分确切。王惟一一直在想：能画出什么样的图才能让学生们看得更加明白呢？他把学生们叫到一起商量，商量了很久，也没有想出好办法。

一天，王惟一正在为这事发愁，愁得在书房里走来走去，忽然，他的目光触到茶几上的花瓶，那花瓶上绘了许多小人头。他的心砰然一亮，能不能做个立体的人体模型用来表示穴位呢？

图67

他把自己的想法跟他的学生们一说，大家都认为这是个好主意。

于是，王惟一赶到一家铸造厂，想请那里的师傅们帮助他铸造出一个铜结构的人体模型。

一位师傅听了他的要求，说道："嘿呀，那铸出来的人得有多重哪！谁能搬得动？"

王惟一想想也是，那么重的铜人谁能搬得动（图67）？再说，这得要多少铜呀。他犯难了。这时，他的脑海里不知为什么又冒出那只花瓶，心想：花瓶不是空心的吗？为什么不能铸个空心铜人呢？王惟一把自己的想法跟师傅们一说，大家都认为这是个好点子。对，就这么办吧。

师傅们开始铸造了，王惟一忽然又有了一个主意，他走上前，对师傅们说："既然把铜人铸成空心的，那么，再给它配上五脏六腑，不就跟真的人一样了吗？"师傅们听了，连声称赞："好主意，好主意！"

经过铸造师傅们的努力，王惟一设计的铜人铸造成功了。铜人身上有几百个小孔，一个小孔就是一个穴位，还注明了穴位的名称，位置都极其精确。

为了说明铜人的实用意义，王惟一还写了一部书，取名叫《铜人腧穴针灸图经》（图68）。

经过不断的实践，王惟一又想出一个好主意。他在整个铜人表面涂满了黄蜡，内部灌满了水。考试的时候，老师指定某个穴位，学生就用针去扎。如果扎准了，水马上就从针眼里渗出来，扎不准，水就不会渗出来。这确实是个训练和考核学生的好办法。

这个铜人，就成了中国最早的医学教学模型，曾为中国古代的针灸学做出了巨大的贡献。

当时，像这样的铜人一共造成了两具，一具放在当时的太医署供教学应用，还有一具放在皇宫里，被贵族们霸占了。

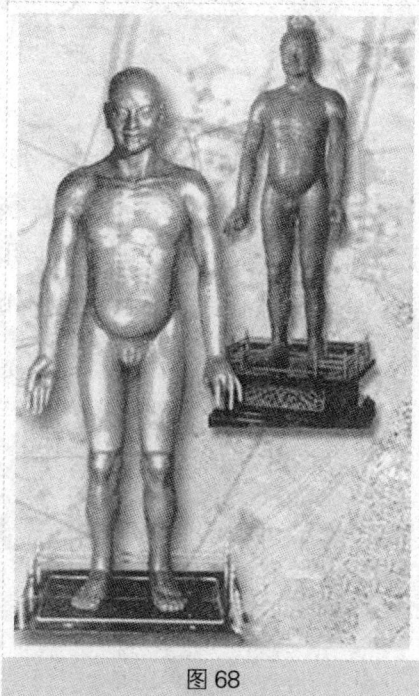

图68

宋朝末年，金王朝把宋王朝打得大败，宋朝皇帝只好屈辱求和，愿意割地赔款。金朝的统治者指定要一具铜人作为赔偿。由此可见铜人在医学和艺术上，有多大的价值。

后来，这两具铜人一具下落不明，另一具到了清朝还保存在宫廷里。八国联军武装入侵中国，这具铜人被日本帝国主义者抢去了。

现在北京历史博物馆陈列的一具，是按照明代仿造的铜人复制的，但与王惟一当时铸造的铜人已经有所不同了。

李时珍发明本草药物的故事

公元 1560 年，李时珍已经 43 岁了。自从断绝了读书的仕途之后，他继承家传，潜心钻研医学，已在家乡闯出了不小的名气，人们都知道，湖北蕲州出了个救死扶伤、医术高明的李时珍郎中。

李时珍在行医过程中，发现医家奉若神明的《本草》，本身有好多谬误，他决心修订《本草》，要为后人留下一份更完整、更准确的医药经典（图 69）。

图 69

但是，靠自己来修订篇幅浩繁的《本草》，那是十分艰巨的任务。除了靠自己行医的经验去补充原书的不足外，他还经常出入药铺，攀山越岭，实际观察各种药物的特征，力求每条记录都有根有据，以免贻误后人。

尽管李时珍已经竭尽了全力，但还有一些药品在查证过程中遇到了困难。眼下，他遇到的就有一味药品，因为无法见到实物，不能画出图形，不能辨别它的寒温、甘辛，说不清它的疗效以及配伍验方。

这味药被称作"圣果"，据说它只产在武当山，由武当道观的道爷们亲手摘采，并专程送进皇宫。据青城山道观说，它可以延年益寿，是药中的圣品。李时珍一介寒医，如何能挨着这种圣品的边？

李时珍当然可以把武当道士的话抄进《本草》，同时说明这段话只是道听途说，无法相信（图 70）。但是，想要编好《本草》的责任心不允许他这么马虎，于是，李时珍决定亲自到武当山去，看一看"圣果"究竟是什么。

从蕲州出发，到武当山几乎要穿过整个湖北。可是李时珍专拣山高林密的小道走，人虽累得清瘦了许多，心情却十分愉快。他寻草药，访药农，辨药性，只觉收获颇丰。快近武当山时，他开始打听"圣果"的情况，得到的两种消息却截然相反。药农们不屑一顾："噢，你问的是榔果（图71）？

图70

现在它可身价百倍喽。"店里小二哥却瞪圆了双眼，良久才摇摇头苦笑说："客官，'圣果'在紫霄殿后，一道山梁上。只是道爷们看得紧，官府也出了告示，前几日还抓了两个想进林子去的，客官可要小心了。"

图71

李时珍却不以为然。自己是位医生，要弄清一味药的功效，武当山的道长们总不能把自己当作小贼吧。第二天，他吃了早饭，便孤身一人离开客店，沿着上武当道观的路，朝着道观走去。

在气势雄伟的紫霄殿匆匆转了一圈，李时珍便来到观后的山岗下。展眼望去，好大一片树林呀！李时珍在林边随手就可以采到别处难以觅到的草药。看来，这里确实极少有采药人来过，道观对这片林子保护得很好。

正当李时珍要迈步跨进林子，去寻觅"圣果"时，林边突然窜出几个道装打扮的人，他们手执明晃晃的宝剑，拦住了去路。其中一位大声喝道："前边是'圣果'林禁地，谁敢私闯，杀无赦！"话未落音，那群人把李时珍团团围了起来，只待说话人一声令下，便要动手。

李时珍拱手一揖，朝四周行礼，并大声说道："小可李时珍，湖北蕲州人士，家传医黄之道，听说贵观珍藏奇果，特来瞻仰，请道长引荐，让小可一睹圣果真容，在下一定详为记述，以告天下医者，光大贵观济世之心。"

李时珍以为经自己一解释，道长们一定会邀请自己进林去。谁知他话音刚落，四周的道士们却哄然大笑起来。这个说："前几日刚送一个去官府，今日又来了一个！"那个说："这些人装得好像，上一次那位是扮了官府的差人，这次又扮个郎中，瞒得了谁？"话中的意思，是把李时珍当作偷"圣果"的贼了。

还是当头的道士老到，他喝止了道士们的七嘴八舌，对李时珍道："原来是位悬壶济世的高人，失敬。只是本观圣品，乃是专呈圣上的，官府早有明令，任何人不得亵渎。先生请回！"他手下的两个道士，硬是像押解偷儿般把李时珍送下了武当山。

回到旅店，李时珍气得呆呆地坐了一黄昏。他知道当今皇上好的是道术，常常引道术之士进京宣讲服食延寿的方术，这些道士便编些长生不老的传闻，进呈些偏方当作进身图富贵的阶梯，所谓圣果大约也属此类了。

图72

只是自己为修订《本草》千里迢迢来到此地，不能探得真假，实在于心不甘。好吧，大路不让走，难道小道上处处也能派人守着？我偏要去看个究竟。

隔了几日，李时珍穿好登山靴，又来到武当山下（图72）。这次，他沿着山脚，兜了个大圈子，从山谷一路攀援而上。后山的山势十分险峻，可这难不倒常常攀山的李时珍，况且越是险峻之处，武当道观越不会留意派人把守。到日影过午时，李时珍终于又来到那片密密的树林背后。他小心翼翼捱进林去，一眼便瞧见了十数株用黄绸护定的果树。道士们只顾守住进林的大路，四周没个人影。李时珍也不敢多耽搁，采了些枝叶，摘了两个果子便匆匆下了山。

李时珍仔细观察了取回的圣果，把枝叶跟《本草》的图样对照，发觉这种专供皇上延年益寿的圣品，其实只是梅的一种，不过因为它长在高寒山顶，外表与一般的梅子不同罢了。

于是，李时珍在修订《本草》写到梅子的时候，特意加了一条注："有生于高山处之青梅者，名为榔果，亦称圣果，其味酸，能补胃健脾，无大异耳。"道士们可以骗骗皇帝，吓吓百姓。但对专于药性，一丝不苟的李时珍，这一切都是徒劳。

鲁班的发明

春秋战国时期，鲁国有一个人叫鲁班（图73）。本来，鲁班姓公输，名字叫般，因为他是鲁国人，而古代"般"字和"班"字通用，所以后人称他为鲁班。

鲁班是中国古代最负盛名的能工巧匠，也是一位十分伟大的发明家。千百年来，木工行业都把他当作祖师爷，一方面反映了鲁班手工技术的高超，另一方面也体现了后世对鲁班的尊敬和热爱。

鲁班出生于一个工匠世家，从小就跟着家人学会了多种手艺，在木工方面更为出色。由于他既聪明又好学，因此在还相当年轻时就成了闻名遐迩的能工巧匠。

现在木工所用的锯子，据说就是

图73

鲁班发明的。

鲁班是怎样发明锯子的呢？这里还有一个动人的故事。

一天，鲁班和他的徒弟们接受了一项建造皇家宫殿的任务。这个宫殿要求造得雄伟壮观，因此工程相当浩大。而且，由于工期特别紧迫，采伐大量木材的工作更是迫在眉睫。

开始的时候，鲁班率领徒弟们带上斧头，到山上砍伐木料。可是，面对又高又粗的参天大树，仅用手中的斧头去砍，十分费力。几天下来，他们师徒都累倒了，可是，砍下的树木却远远不能满足宫殿建筑的需要。

怎么办呢？鲁班心里开始着急起来。

有一天，鲁班到一座险峻的高山上去物色用作栋梁的木料。在爬上一个小陡坡的时候，他脚下蹬着的一块石头突然摇动了。鲁班慌了，急忙伸手抓住了路旁的一丛茅草。忽然，他"哎呀"惊叫一声，手被茅草划破了，渗出血来。

鲁班望着手掌上裂开的几道小口子，陷入了沉思：没想到，这么不起眼的茅草会这么锋利呢？

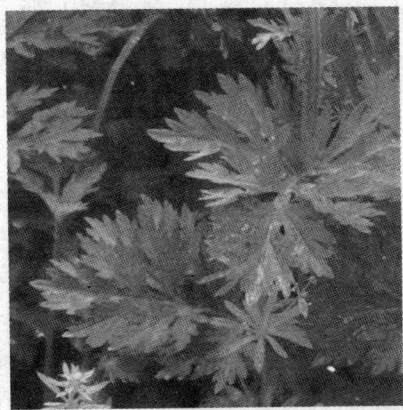

图74

这时，鲁班忘记了伤口的疼痛，扯起一把茅草（图74），细细端详起来，他发现小草叶子边缘长着许许多多锋利的小齿。鲁班用这些密密的小齿在手背上轻轻一划，居然又割开了一道口子。

正当他琢磨其中道理的时候，忽然看见草丛中有几只大蝗虫，它们的大板牙一张一合，飞快地吞嚼着草叶。鲁班忙把蝗虫捉住，认真一看，原来蝗虫的牙齿上也长着密密麻麻的小锯齿。

鲁班看了一会儿，若有所思地点头自语道："噢，原来它们是用这种锯齿来锯断草叶的，难怪吃得这么快！"

想到这儿，他心头一亮：要是我也用带有许多小齿的工具来锯树木，不就可以很快地把木头锯开了吗？那肯定比用斧头砍要省力多了。

鲁班回到家，立刻请铁匠师傅打制了几十根边缘上带有锋利的小锯齿的铁片，拿到山上去做实验（图75）。

他和徒弟各拉一端，在一棵树上来来回回地锯了起来。一下、两下……果然好使，比用斧头砍可省劲呢，不一会儿，就把树木锯断了。

鲁班给这种新发明的工具起了个名字，叫做"锯"。后来，他又给锯安上了一个"工"字形的把手，用起来可就更方便了。

有了锯，砍伐木头就快了，宏伟的宫殿也如期竣工了。人们都一个劲地夸鲁班聪明，还有人开玩笑地说："鲁班师傅摔了一跤，抓了一把草，就发明了锯子，真伟大！"

图75

据说，鲁班发明的东西可多呢！还有刨子、墨斗、曲尺等等，至今，人们还管曲尺叫"鲁班尺"（图76）。

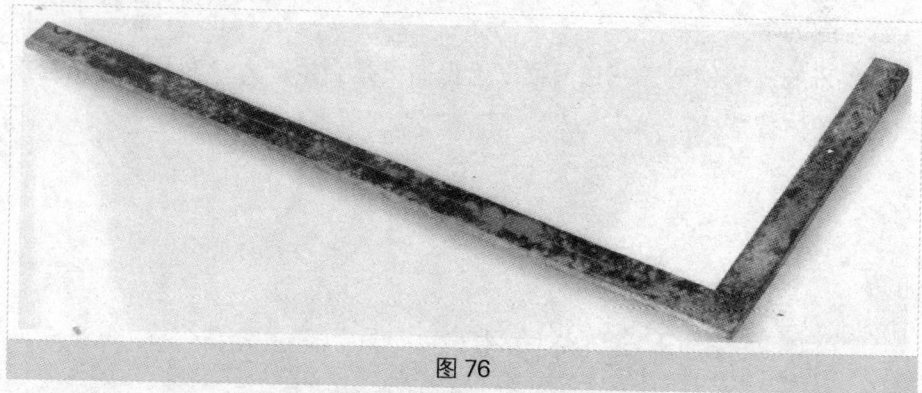

图76

鲁班的一家子，就出了好几位善于发明创造的能工巧匠。

最初，鲁班在家做木工活的时候，他母亲也从中帮忙。比如，在给木头弹上墨线时，就要他母亲拉住墨线头，这墨线才能弹得成。有时候，他母亲手头也忙着，可她只好放下手头的活儿，来帮儿子拉线头弹墨线。

时间长了，鲁班的母亲也琢磨开了：要是在墨斗的线上系上一个小

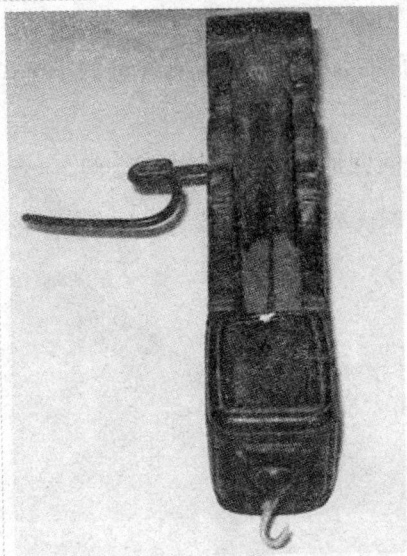

图77

铁弯钩，弹墨线的时候，用小铁弯钩钩住木头的一端，不就可以一个人弹墨线了吗？这一招真灵，解决了一个人弹线的问题。为了纪念他母亲的功绩，人们便把这个墨斗弯钩叫做"班母"（图77）。

鲁班的妻子也是位了不起的人物。原来，在刨木料时，鲁班叫妻子在一旁扶着。可是，这扶木料的活儿，又费力，又危险，稍不留神，就要碰伤手。于是，她想出了设制一个顶住木料的卡口来代替人扶的办法。因此，后人把这卡口称为"班妻"。

鲁班一年到头都在外面干活，饱受风吹雨淋和烈日曝晒。鲁班的妻子看在眼里，疼在心上。于是她又动脑筋做了一种可折叠的避雨工具。这种工具晴天可以遮阳，雨天又能挡雨，而且携带方便。这就是后来人们沿用了数千载的伞。

鲁班的发明创造，在相当程度上提高了社会生产力，充分体现出炎黄祖先的集体智慧。

蒙恬发明毛笔的故事

随着电子计算机文字处理技术的不断普及和提高，笔的作用似乎在渐渐地减弱。尤其是毛笔，在钢笔、圆珠笔等相继出现之后，它作为书写工具几乎成为历史。

可是，人们在泼墨挥毫、题词作画时，仍然是使用毛笔。面对传神的国画、"动如脱兔，矫若惊龙"的中国书法，人们更是惊叹毛笔独特的内蕴，欣赏它那丰富的艺术表现力。

在生活节奏日趋紧张激烈的今天，人们意外地发现，使用毛笔临摹书法名帖，竟能起到修身养性的作用。传统书法中的起笔收笔，游刃自如，颇得气功当中吐故纳新、气沉丹田的精蕴。这样，"文房四宝"之一的毛笔，在科技日渐发达的今天，不仅没有失去它独有的魅力，反而更加为文人雅士所钟爱。

然而，在阵阵袭人的墨香当中，谁能想起，这支极尽书画雅致的毛笔，竟是一位武将发明的！

公元前 223 年，秦国大将蒙恬带领兵马在中山地区与楚国交战，双方打得非常激烈，战争拖了好长时期（图78）。为了能让秦王及时了解前线的战况，蒙恬要定期写战况报告，派军士飞马递呈秦王。

图 78

当时，人们用竹签蘸了墨将字写在丝做的绢布上，这种"笔"称作"聿"。

蒙恬虽是一介武将，却也文才出众、思如泉涌。可是，每次用"聿"写文章，写战况报告，总使他感到"笔"不从心。"聿"硬硬的，墨水蘸少了，写不了几个字就得停下来再蘸；墨水蘸多了，直往下滴墨水，把极为贵重的绢弄脏了。这样一来，激情澎湃的文思稍纵即逝，令他十分烦恼。于是蒙恬好几次萌生过改造"聿"的念头，而且愿望越来越强烈。

在战争的间隙中，蒙恬喜欢到野外去打猎。有一次，他打了几只野兔子回到军营。由于打的兔子多了拎在手里沉甸甸的，其中一只野兔子的尾巴拖在地上，血水在地上拖出了歪歪扭扭的痕迹。

蒙恬见了，心中突然一动："如果用兔尾来代替聿蘸墨写字，不是更好吗？"

回到营房之后，蒙恬立刻剪下一条兔尾巴，把它插在一根竹管上，试着用它来写字。可是，兔毛油光光的，吸不上墨水，在绢上写出来的字断断续续的，不像样子。蒙恬试了又试，还是不行，好端端的一块绢也浪费了。

蒙恬满心恼火，一气之下，把那支"兔毛聿"扔进了门前的一个石坑里（图79）。

图 79

蒙恬并不甘心失败，仍然抽时间琢磨其他改进办法。几天过去了，他还是没有找到合格的材料。

这天，蒙恬走出营房，想透透新鲜空气。无意之中，他发现了山石坑里那支被自己扔掉的"兔毛聿"。蒙恬将它捡了起来，用手指捏了捏兔毛，觉得兔毛湿漉漉的，毛色也变白了。他心念一闪，马上跑回营房，将它蘸上墨汁，这时，兔尾竟然变得圆润饱满。

这到底是为什么呢？

原来，山石坑里的水含有石灰质，经过碱性水的浸泡，兔毛变得柔顺起来。

由于这聿是以竹管和兔毛做成的，蒙恬就在"聿"字上加了个"竹"字头，把它叫做"筆"，这就成了后人使用的"毛笔（筆）"。

正是这一支平淡无奇的毛笔，蘸着或浓或淡的墨水，在竹简上、在绢帛上、在白纸上，书写了灿烂辉煌的数千年的古国文明史，记载了朝代更替的刀光剑影，录下了中华祖先在文明进程中的每一个足印，留下了朗朗上口的诗词曲赋，还有那浩如烟海的书画瑰宝……

这是一支让炎黄子孙昂首挺胸、自信骄傲的文明之笔。

杜太守发明鼓风机的趣闻

东汉时期，有一位清廉正直的官员叫杜诗（图80）。他热心为百姓分忧解难，深受老百姓的爱戴。他在任南阳太守期间，发明了用于炼铁的"水排"（即水力鼓风机），大大提高了炼铁铸造农具的效率（图81）。

早在公元前6世纪，炎黄祖先就发明了生铁冶炼技术。在炼铁技术发展的进程中，人们深刻地认识到冶炼技术的提高，离不开鼓风设备的更新。因为金属的冶炼需要高温，而高温必须依靠鼓风设备才能达到。我国早期的鼓风设备叫做'橐'又称"橐籥"，是用牛皮制作的皮囊，再接上传动杆做成的。

转眼就到了新任南阳太守走马上任的日子。南阳城内打扫得干干净净，衙役们跑前跑后张罗着，准备迎接新太守的到来。

听说新太守要来了，街头上有人在议论："我听说新来的太守，很受皇上的器重呢！"

"是啊，我还听说，这位杜太守为官清廉，政绩不错！"

"哼！天下乌鸦一般黑，哪个太

图80

图 81

守到咱南阳来不是刮地三尺？"

"嘘！小声点，可别让那些衙役给听见了。"

这太守还没到，南阳城里老百姓就七嘴八舌地议论开了。

按照惯例，太守上任将由东门入城，因而一大帮衙役穿戴整齐，扛着一顶簇新的八抬大轿等候在东门外。

可是，日头渐渐地经过头顶，又慢慢地向西移去，左等右盼，就是不见新任太守的影子。原来，这位新到的杜太守，早已带着一名贴身书童，微服进城了。

俗话说："新官上任三把火"。可这位杜太守却"一把火"也没烧。当地的权贵们都想与新太守"联络联络感情"，到太守府上拜访，却难得碰上太守在家。这样一来，这些达官显贵们就私下猜测起来：

"不知谁和太守关系如此密切，难道城里有太守的老朋友不成？"

要说杜太守的朋友，在南阳城里他有一大帮"老朋友"。不过，这些"老朋友"既不是什么富豪大户，更不是什么显贵门第。刚上任，杜太守最想便服私访，既避人耳目，又可以真正体察民情。原来老百姓才是太守杜诗心中的"老朋友"。

有一天，杜诗信步而行，但见城中熙熙攘攘，一派繁华热闹景象。忽然，一阵争吵声吸引了他的注意：

"怎么这么贵？不就让你把这镰刀给重打一下吗？又不是买新镰刀！"

"嫌贵？行。你先到别处问问，看看是不是我刘师傅成心多收你工钱！"

等大伙儿散去后，杜诗走进打铁店，和刘师傅攀谈起来："刘师傅，打铁这营生真不容易呀！"

见有人道出了自己的心里话，刘师傅浑身上下通体舒服，连忙说："这位先生，瞧你这装扮应该是位读书人吧。你是知书达理的人，瞧瞧，要炼成这么一块铁有多难啊！"

顺着他的手指看去，杜诗见到好大的一个炼铁炉，旁边有十几个人在汗流浃背地推着一架"人排"。

所谓"人排"，也就是当时鼓风设备。它是把多个"橐"并排在一起，以适应大型炼铁炉的需要，称为"排橐"，简称"排"。因为使用的时候，需要许多人一齐用力推拉传动杆，使皮囊随着推拉一伸一缩，把空气送进炼铁炉中，所以被称为"人排"（图82）。

图82

一番仔细观察之后，杜诗发现推拉"人排"是最重最累的活。因为只有"人排"送进去的风足够大，才能保证炼炉的高温。但人的体能毕竟有限，再加上身旁就是高温状态下的炼铁炉，因此，工人很容易疲劳（图83）。结果，风力不能得到保证，炼一炉铁要费很多时间，而且炼出的铁也不能保证质量。

图83

杜诗边看边想：要是能找到另外的鼓风方式，既省力又高效，那该多好啊！可是，既要不用人力又要推动鼓风机，有什么力量能做到这一步呢？

连续几天，这个问题一直萦绕在杜诗的脑海里。一天傍晚，他在后花园中散步，一阵湍急的流水声吸引了他。杜诗细细一看，原来是花园中的假山上冲泻而下一股小瀑布，在下面溅出朵朵水花。他心里猛地一亮：对啊！为什么不用水力来代替人力呢？要是把鼓风机的传动杆变成大木轮，再加上连杆，放在河中，不就可以让河水冲击带动木轮转动了吗？

想到这里，杜诗迫不及待地叫人找来一些木工和铁匠，将自己的想法告诉大家。大伙儿高兴极了，连称"好主意！好主意！"

不久，河边建起一座高大的炼铁炉。杜诗设计的水力鼓风机——"水排"更是格外引人注目。由于这种鼓风机既省力又高效，很快就受到铁匠们的欢迎，许多炼铁炉都改成水排鼓风。

在杜诗的帮助下，炼铁业迅速发展起来，有力地促进了农业生产的发展。

水排的发明，比欧洲人使用水力鼓风机的时间早了 1100 多年。它充分体现了中国古代人民杰出的智慧，更是冶炼史上了不起的成就。

张衡发明地动仪

地震作为一种毁灭性的天灾，具有无法估量的破坏性，它曾经无数次给人类造成累累伤痕。因而，对地震的预测，在人类生存领域中占有极为重要的位置。

我国东汉时期科学家张衡（图 84），是世界上最早科学地测报地震的人，他发明了第一台测报地震的仪器，叫"地动仪"（图 85）。

图 84

东汉时期，我国地震十分频繁。身为朝廷太史令的张衡，负责记录全国各地发生地震的详细情况。

公元 119 年，京都和附近 42 个郡发生了一场大地震，张衡亲眼看到无数的房屋倒塌，土地陷裂，百姓死伤不计其数……惨不忍睹的情景大大刺激了张衡，他发誓道："我一定要制成一种能够测报地震的仪器，让天下老百姓少受灾害！"

说起来容易，做起来难。在那个时代里，还从来没有人听说地震可以测知。在人们的观念中，地震灾难的降临，是因为上天发怒，是对人类的惩罚。

图 85

人们听张衡要制作能预测地震的仪器，很多人都嘲笑他说："你这是白日做梦！痴心妄想！"

对于人们的嘲笑，张衡一点也不在意。他是在做"梦"，不仅白天想着这事，连晚上也不能释怀。他凭着百折不挠的精神，结合自己丰富的天文地理知识，花了好几年的功夫潜心研究，并进行了无数次的试验。

功夫不负有心人。公元132年，一台能测报地震方向的仪器终于问世了。它被称作"地动仪"，由青铜铸成，形状像个大酒樽，顶上有凸起的盖子。地动仪的表面刻着篆文、山石、乌龟和鸟兽花纹。周围还镶着8条倒伏的龙，龙头朝着不同的方向。每条龙的嘴里都含着一颗浑圆的铜球；龙头下面的地上，各蹲着一只铜铸的青蛙（图86），它们都抬头张嘴，似乎在等待着吞食龙嘴里吐出来的铜球。

图 86

一旦哪个方向发生地震，中间的钢柱就朝哪个方向摆去，牵动横杆，就把那个方向龙头的上部提起，龙嘴就会张开，钢球也就自动落到下面青蛙的嘴里面。这时，人们就知道哪个方向发生了地震。

听说张衡制成了一架能测报地震的仪器，很多人都不相信。他们跑来参观了半天，也看不出什么名堂，嘀咕道：

"就这么个酒坛子一样的东西，能测报地震？"

第一章 中国部分

"它要是能测报地震，我就把我家的酒坛子也抱来！"

不管人们怎么嘲笑，张衡一声不吭。他相信，虽然人们现在不理解，总有一天人们会相信的。

公元138年的一天，张衡正在看书。忽然间，只听"当"的一声。清脆的响声，惊动了张衡，他赶忙跑过去一看，是地动仪朝西北方向的龙嘴里吐出了铜球，铜球落进了蛤蟆嘴里。

张衡激动地叫了起来："西北方向发生地震了！"

这是张衡的仪器第一次起作用啊，他太高兴了。可是，当时的洛阳城里没有人感觉到地震，他们嘲笑张衡是扰乱民心、瞎折腾，连一向信任他的皇帝这回也变得半信半疑了。

没想到，过了几天，甘肃陇西派人骑马赶来向皇帝报告："陇西四天前发生地震，灾情严重！"

这一下，张衡地动仪测报地震的准确性得到了验证，整个洛阳一下子轰动了，人们完全消除了对地动仪的疑虑。要知道，东汉的陇西位于现在的甘肃省临洮县一带，距洛阳有500多千米。因此当地发生的强烈地震，京都地区的人丝毫没有感觉到，而地动仪却利用地震波测出了那个方向发生了地震。

张衡创制的地动仪，是世界上最早的一台能测报震向的科学仪器，它首开人类科学测报地震的先河。

在此之后的1000多年里，欧洲人才发明了类似的地震仪。

祖冲之制定《大明历》

南北朝时期，有一个著名的数学家、天文学家叫祖冲之。他留给世人最深刻的印象，是他所推算的圆周率和费尽周折制定并最终推行的《大

明历》。

祖冲之仅用手中简陋的算筹（图87），在前人刘徽的基础上，算出圆周率 π 的值在 3.1415926 和 3.1415927 之间，这是世界上最早的七位小数精确值，比荷兰工程师安托尼率得出相同的圆周率数值早 1000 多年。

提到《大明历》，更让人为祖冲之那坚韧不拔的毅力和坚持真理的精神所感动。

祖冲之出生于书香门第，他的爷爷祖昌是朝廷中掌管建筑工程的官员，

图 87

对天文、历法、数学颇有研究。从小祖冲之受到爷爷的熏陶，就萌生出对科学的极大兴趣。

小时候，祖冲之最喜欢在明朗的夜空中数星星，观察星空的变化。他常常问爷爷：

"天空中的北斗星为什么不规规矩矩地呆着，而是一直旋转呢？为什么它一会儿向东，一会儿向南？"

"怎么月亮一会儿弯弯的像镰刀，一会儿又圆圆的像银盘？"

何承天（370—447 年），南朝宋杰出的无神论思想家、天文学家、东海郯人。历任尚书祠部郎、南台治书侍御史、南书郎中兼著左丞、廷尉内史、著作佐郎、御史中丞等。他精通经史，参与撰作《宋书》，对天文历法精心研究，创立了《元嘉历》，所撰《报应问》《达性论》等基本无神论文，有力地揭示了"因果报应""什么天论"等唯心主义学说。

图 88

面对祖冲之永远问不完的问题，爷爷总是不厌其烦地解释给他听。转眼间，祖冲之长成了一个 10 岁的英俊少年。为了更好地开启他的智慧，爷爷领着他拜访了著名的天文学家何承天。

见到祖冲之，何承天一下就喜欢上了这个聪明好学的孩子（图 88），欣然接受他为入室弟子。在名师的栽培下，祖冲之的学问与日俱增。

有一年的 8 月 29 日，天空中出现

了日食。当时人们并不了解日食是怎么回事，都争先恐后地涌到户外观望。

虽说祖冲之还是少年，但他已经懂得了不少天文知识。他一边观察日食，一边进行思考：日食只有在初一的时候才会出现，可今天才二十九，怎么提前了呢？会不会是历书出了差错？

打那以后，祖冲之着手将历法推算出的节气同实际看到的天象进行对比。果然，他发现历书上错漏百出。比如，书上太阳和月亮的位置差了三度；夏至和冬至的日子同实际差了一天；而行星的出现甚至会有40天的误差。种种迹象表明，当时的历法并不严密，必须重新制定。

图89

而当时通用的《元嘉历》正是祖冲之十分敬重的老师何承天所编。何承天积40年的观察与思考，制定了《元嘉历》。毋庸置疑，它比以前使用的历法准确得多。但是，祖冲之发现，《元嘉历》仍然存在不少错误（图89）。怎么办呢？

当时何承天已经过世，祖冲之并不是一位绝情的人，但他更是一位尊重科学、坚持真理的科学家。祖冲之想："历法如果不准确，要误大事的，有错就得改。相信何老师在天之灵，也不会反对学生对科学的探索。"凭着坚定的科学信念，祖冲之开始了重修历法的艰辛劳动。

白天，他测太阳的影子；夜晚，他看星宿的移动。当时，并没有先进的运算工具，有的只是一大堆被称作"算筹"的小竹签（图90）。碰到稍大一些的数字运算，那些小竹签就要摆上一大堆。但是，祖冲之没有被难倒。

终于，在他33岁那年，祖冲之编成了一部崭新的历法——《大明历》。

《大明历》比以往的历法都精确、科学。比如，《大明历》中一个回归年的日数是365.24281481日；一个交月点的日数是27.21223日，这些与现在用先进手段获得的数值相当接近。

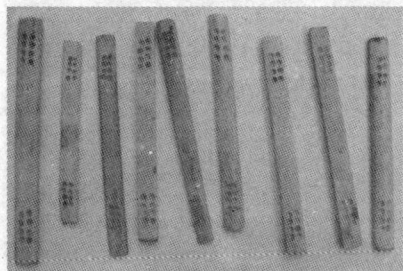

图90

显然，《大明历》是祖冲之历尽艰辛的心血之作，是当时最先进、最科学的一部历法。

遗憾的是，祖冲之敢于直面科学的勇气触犯了守旧的传统观念，遭到了朝廷宠臣戴法兴一伙的谩骂和攻击。为此，祖冲之大义凛然地写下传诵千古的名篇《辩戴法兴难新历》。

真理的车轮是不可阻挡的。公元 510 年，在祖冲之的儿子祖日恒的提议下，《大明历》终于得以推行。

此时，祖冲之已经离开人间 10 年了。

《大明历》从问世到实施，历尽将近半个世纪的周折。它的作者祖冲之，如同夜空中闪光的繁星，永远在历史的长河中闪耀光芒。

神医华佗的发明

古典小说《三国演义》第 75 回，生动地描述了"关云长刮骨疗毒"的故事。讲的是蜀国名将关云长在和曹军对垒中，被对方一支毒箭射中右臂，毒已入骨，右臂青肿，不能运动。于是，属下众将访遍名医，要为关公疗毒。

忽然有一天，有位医生不请自至。他用刀割开腐烂皮肉，一直刮到骨头上，悉悉有声。关云长一面被"刮骨疗毒"，一面谈笑自若地下棋饮酒，全无痛苦之色（图 91）。结果手术成功，关云长得救。

人们在钦佩关公那超人的毅力的同时，不禁为那位医生的绝妙医术拍手叫好。这位医生就是被人们称为"神医"的华佗。

华佗，字元化，大约出生在公元 2 世纪中叶，沛国谯（今安徽亳县）人，是东汉末年最负盛名的医生。他精通内科、外科、妇科、儿科、针灸等，特别擅长外科。

图91

华佗的父亲死得很早，他的哥哥在兵荒马乱的年代里，和许多贫苦青年一样，被抓去充军，一去不返，音讯全无。华佗自小就和母亲相依为命。

年轻时，华佗爱好读书、喜欢钻研，后来专门研究医学。在母亲的关怀下，他懂得了许多人生哲理，立志终身不仕，愿为良医，为百姓解除疾苦。

后来，他的母亲不幸得了一种奇怪的病，忽冷忽热，周身疼痛，皮肉肿胀。当时，华佗对医学还是一知半解，见母亲受病魔百般摧残折磨，自己又无能为力，十分难过。请了好几位医生救治，也不见效。不久，就眼看着母亲离开了人间。

临终前，母亲对华佗说："孩子，要记住你父母都是被这种古怪的病折磨死的。我要走了，希望你早日学成医术，帮助世人免除疾病之苦。千万记住……"

母亲的病逝，使华佗失去了人间的最后一位亲人，更激发了他发奋学医的决心。他立誓要用自己的医术普济众生，以此告慰九泉之下的慈母。

华佗在医学上最卓越的贡献，就是他最拿手的外科手术。在"关公疗毒"的故事中，我们知道，正是华佗的高超医术，才得以让一代名将转危为安。

可在当时，直接操刀进行手术，病人要忍受多么大的皮肉之苦啊！并不是每一个病人都有关云长那般超人的勇气和坚韧的意志。今天的人们几乎不敢想象，未经任何麻醉，就对病人开刀动手术，会是一种什么样的情景。

为了减轻病人手术的痛苦，早在1700年以前，被称为"中医外科手术

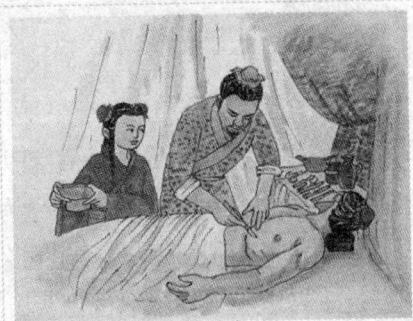

图92

祖师"的华佗，就发明了全身麻醉剂——麻沸散（图92）。他在人类医学史上，最先采用了麻醉法进行外科手术。

相传有一次，华佗给一位船夫看病。病人脸色惨白，口吐白沫，痛得在地上打滚。华佗通过望色、切脉、按摸腹部，诊断为肠痈病（即现在所说的急性阑尾炎）。

于是，他拿出麻沸散，和着酒灌进病人口中。过了一会儿，病人就像喝醉了酒一样，昏昏入睡，完全失去了知觉。

这时，华佗用刀剖开病人腹部，把溃烂的阑尾割去，然后把患处洗干净，再止血，缝合起来，并在手术伤口敷上一些解毒、生肌、收口的药膏（图93）。四五天后，伤口逐渐愈合。一个月后，病人居然完全恢复了健康。

据《后汉书·华佗传》记载，华佗用这种麻醉方法，先后成功的做了开腹切肠、剖腹取胎、切除肿瘤等大型手术。

麻沸散的发明，是外科医学上一项划时代的贡献，而且它远远地走在了世界的前列。历史上，欧洲人进行手术，用的是放血麻醉法。即把病人的血放掉，血放多了，人就晕了过去，再做手术。但是，这种方法非常危险，病人多半会死亡。

图93

直到1844年，美国的柯尔顿才发明用笑气（一氧化氮）做麻醉药，但效果也不理想。后来西医中常用的全身麻醉药乙醚，是1848年由美国人莫尔顿发明的。不过，这些发明都是近代的事情了，离华佗离开人世，已有1000多年了。

刘徽发明"割圆术"

提起"π"，小学生准能说出一个大致的数值——3.14。可是在2000多年前，情况就大不一样了。

中国古代经典数学家著作《九章算术》中有这么一个问题："今有圆田，周三十步，径十步，问有田几何？"从问题的叙述中，我们不难发现，当时人们在计算圆的面积时，取的圆周率，即"π"的值是3，也就是说所谓的"周三径一"。

可这个数值与实际的情形误差甚大。于是，一些古代数学家敏锐地发现了这个问题，并开始了揭开"π"的真面目的艰辛历程。

生活在公元3世纪魏晋时代的刘徽（图94），是一位颇负盛名的数学家。他天才地创造了数学中的"割圆术"，为计算圆周率建立了严密的理论和完善的算法，将历代对圆周率的研究带入了一个崭新的阶段。

在民间，至今还流传着这样一个故事：

从前，有一位贪婪吝啬的财主找到刘徽，向他求助。财主说："我有一口圆形的池塘，去年荒芜在那里。现在有位佃农想租去种莲花，这样夏天可以赏荷花，秋天可以摘莲蓬，而且我也有一笔可观的租金收入，真是两全齐美。能不能请您帮忙计算一下这口池塘的大小呢？"

图94

刘徽不假思索地回答："当然可以，不过，你是想让你的池塘的亩数大一些还是小一些呢？"财主一听就乐了，忙不迭地说："大一些好，大一些好。大了我可以多收租金哪！"于是，刘徽告诉他，尽量把这个池塘画成多边形，边数越多，池塘的亩数就越大。

财主按照刘徽的办法，迫不及待地依计行事。第二天一早，他跑来告诉刘徽，他画出了十二边形，并量出了每边的长度。刘徽马上帮他算出了池塘的亩数。

第三天，财主画出了二十四边形，刘徽一算，果然亩数比前一天多了些。财主十分高兴，过了几天，他又画出了九十六边形，刘徽算出的亩数又大了一些。这样，贪心的财主为了让圆池塘的面积不断扩大，就不停地量呀，画呀，忙得不亦乐乎。

后来，有一位客人来访财主。听完他乐滋滋的叙说后，客人问道："你上刘徽的当了。你想想，这圆池塘的大小是恒定的，它有多少亩就是多少亩。怎么能越画越大呢？"财主低头沉思了好一会儿，觉得客人的话不无道理。可是为什么多边形的边越多，算出来的池塘亩数越大呢？客人也说不出个所以然来。

其实，这个故事讲的就是刘徽独创的"割圆术"。所谓的"割圆术"，就是在圆内作内接正多边形，然后计算多边形的面积，来求得该圆的近似面积，并计算出圆周率的近似数值。

刘徽明确指出：圆的内接正多边形的面积小于圆面积，但是，他相信"割之弥细，所失弥小。割之又割，以至于不可割，则与圆合体而无所失矣。"也就是说，圆内接正多边形数无限多时，其周长的极限即为圆周长，面积的极限即为圆面积。

在这里我们可以看到，刘徽所创的"割圆术"，体现了现代数学中的极限思想，并运用于解决实际的数学问题之中，这也是数学史上的一项光辉成就（图95）。

刘徽是怎样发明割圆术的呢？

据说，有一天，刘徽信步走到一个打石场去散心。他看到一群石匠在加工石料。石匠们接过一块四四方方的大青石，先斫去石头的四个角，石

改变人类生活的发明

图95

面变成了一块八角形的石头，然后又再砍掉八个角，石头变成了十六角形。这样一斧一凿地敲下去，一块方石就在不知不觉之中被加工成了一根光滑的圆石柱了。

刘徽几乎看呆了。突然间，脑子里灵光一闪，他赶紧回到房间，立刻动手在纸上画了一个大圆，然后在圆里画了一个内接正六边形，用尺子一量，六边形的周长正好是直径的三倍。然后，他又在圆里作出内接正十二边形、二十四边形、四十八边形……他惊喜地发现，圆的内接正多边形边数越多，它的周长就和圆的周长越接近。最后，他把这种求圆周率的办法称为"割圆术"。

利用割圆术，刘徽算出了圆的内接正一百九十二边形的周长是直径的3.14 倍，即 $\frac{157}{50}$。

$\frac{157}{50}$ 是人类历史上第一次所求得的比较准确的"π"值。后来，人们为了纪念刘徽的功绩，就把这个"π"值称作"徽率"。

值得一提的是，后来，南北朝时期的另一位著名数学家祖冲之，在刘徽研究的基础上，利用割圆术继续推算，准确地求得多达七位数的圆周率：3.1415926 < π < 3.1415927。这一成就远远地走在了世界的前列，领先欧洲 1000 多年，让炎黄子孙为之骄傲不已。

Part 2
外 国 部 分

　　发明不仅要提供前所未有的东西，而且要提供比以往技术更为先进的东西，即在原理、结构特别是功能效益上优于现有技术。发明总是既有继承又有创造，在一般情况下大都有先进性。发明必须是有应用价值的创新，它有明确的目的性，有新颖的和先进的实用性。发明又区别于实际生产和工程中的现实技术或现场技术。发明要有应用前景和可能应用的技术方案和措施，一项发明能否被应用于生产过程或工程活动，还取决于它是否能纳入已有的技术系统或引起已有技术系统的革新，以及资金、设备、人力、材料、管理和市场诸方面的条件。有了发明，未必就一定有相应的产品或工艺，未必就能解决生产和工程中的实际问题。只有把发明转化为产品研制、工艺试验，转化为技术革新、试生产、批量生产和推广应用，才能成为现实技术。

响尾蛇的启发

1991 年 2 月 24 日深夜，大地一片漆黑，以美国为首的多国部队向伊拉克发动了地面进攻。在黑暗中，像一大群甲虫似的多国坦克部队飞也似的向前挺进（图 96）。

图 96

伊拉克的部队也不示弱，他们组成强大的"围堤"，企图阻止多国部队的前进。不料，多国部队对伊拉克的兵力分布了如指掌，在轰隆隆的炮声中，"围堤"被炸毁了，伊拉克军队像潮水般地溃退了。

多国部队的坦克为什么在黑暗中可以行驶呢？多国部队的炮弹为什么可以准确地击中目标呢？

原来，多国部队使用了一种叫做"夜视仪"的仪器（图 97）。借助于夜视仪，人们在黑暗中可以看清相当远的距离外的目标。

那么，你知道夜视仪是怎么诞生的吗？

图 97

第二次世界大战后期，德国已经失去了空中优势。白天，只要德国飞机一出现，便被盟军的炮火击落。德国的舰艇、坦克也遭到盟军致命的打击。希特勒并不甘心失败，幻想挽回败局。他把希望寄托在所剩无几的 V-2 飞弹上（图 98）。可要将 V-2 飞弹运送到前线并不容易，因为在白天运送，很容易被盟军发现，而在晚上运送，坦克又看不见道路。

德国兵器专家别无选择，只好开始研究坦克夜间行驶技术。

经过反复试验，他们证实用红外线探照灯去照射，红外线再反射回来，就可以看到目标。根据这一原理，兵器专家成功研制出了夜视仪。

兵器专家把夜视仪安装在坦克上，坦克仿佛有了一双在黑暗中可洞察一切的眼睛。V-2飞弹被悄悄地运抵前线。不过，飞弹无法挽回法西斯德国注定的失败命运。

图98

第二次世界大战结束时，人们发现了德国坦克上的夜视仪。于是，许多兵器专家对夜视仪进行研究和改进。由此诞生了各式各样的夜视仪。其中最常见的有主动红外夜视仪、微光夜视仪和被动红外夜视仪等3种。

主动红外夜视仪是在德国兵器专家发明的夜视仪的基础上研制出来的，它是由红外探照灯和红外目标接收仪组成的。工作时，先用红外探照灯照射目标，红外线照射到目标后，能被目标反射回来，反射回来的红外线被红外目标接收仪接收，经过一番处理，这个目标的形状就清晰地映在特制的荧光屏幕上。在黑夜里，使用它，可以看清800～1000米以内的人或与人大小相当的物体，还可以看清2000～2200米以内的各种车辆。

主动红外夜视仪工作时发出的红外线容易被对方的红外探测仪发现，导致己方暴露，这是一个致命的缺陷。后来，兵器专家们在这个基础上，又研制出了微光夜视仪。

微光夜视仪不用红外探照灯，不发射红外线。它借助夜空微光（即月光、星光、大气的辉光）的照射，把目标的亮度放大，使人的眼睛能看得清楚。在星光下使用它，可看清1600米以内的物体，在月光下可看清2700米以内的物体。它安全可靠，不容易暴露。

但是，微光夜视仪也有不尽人意的地方，在雨天、雾天的夜晚，它的

图 99

观察效果较差，甚至无法工作。

兵器专家们又进行深入研究，以图超越微光夜视仪（图99）。

这时生物学家的一个研究成果，引起了兵器专家的关注。

生物学家早就注意到一个奇怪的现象：响尾蛇的眼睛已经退化到几乎什么都看不见的程度了，但它却能敏捷地捕捉住小动物。它靠的是什么本领呢？生物学家经过研究，发现在响尾蛇的眼睛和鼻子之间有一个小颊窝，它对热非常敏感，只要周围的温度变化0.003℃，它都能感受出来，而且它还能测定方向。响尾蛇就是凭借那么个对热极为敏感的器官来捕捉小动物的（图100）。

兵器专家从这里联想到：不管多么黑的夜晚，地面上的所有物体都有一定的温度，不管温度高低，都能向外辐射红外线。各种物体温度高低不同，向外辐射的红外线强弱程度也不同。把这强弱不同的红外线接收下来，经过技术处理，使接收到的红外线以图像的形式显现出来，这不就可以了吗？

图 100

根据这个原理，兵器专家很快发明了被动红外夜视仪。它的探视能力很强。使用它，不仅能把暴露的物体看得一清二楚，而且不受自然条件的限制，能透过雾、雨、雪等看到目标，甚至还可以透过稀疏的丛林以及伪装，看到隐藏的坦克、大炮等兵器。并且它的隐蔽性也很好。

科学的发明创造永远没有止境。可以预计，未来将会有更先进的夜视仪问世。

梦中的巧遇

1829 年，德国著名的化学家德里希·奥古斯特·凯库勒出生在达姆斯塔特小城，在学校读书时，凯库勒出众的才华令他的老师和同学们赞叹不已（图 101）。

有一次，老师在语文课上布置了道作文题，要求学生们在下课前交卷。全班同学都紧张地在作文纸上埋头写了起来，可凯库勒却若无其事地坐着，甚至昂着头悠闲地看着天花板出神。老师见凯库勒一字不写，还悠然自得，忍不住用责备的眼光暗示他赶紧动笔。没想到，快下课时，凯库勒居然拿着手中的白纸出口成章地"读"了起来。这篇即兴之作结构精巧、文采出众，博得了老师和同学们一阵热烈的掌声。

不过，凯库勒没有成为作家。他的父亲为他选择了一个似乎更切合实际的方向，让他去学建筑。在他父亲眼里，建筑师既体面又能赚钱，是儿子理想的出路。

图 101

于是，凯库勒来到德国西部的吉森大学专攻建筑。就是在这里，凯库勒的人生发生了重大的转折。

有一次，他听几个同学提起大化学家李比希的名字。凯库勒心里一亮，李比希是他尊敬与仰慕的化学家，他决定去听李比希的课。第一堂听下来，凯库勒一下被大化学家讲的课迷住了（图 102）。从此，他迷恋上了化学，以至于他下决心改修化学课。

图 102   图 103

　　李比希的渊博学识给凯库勒留下了深刻的印象，他坚定了献身化学的决心（图 103）。

　　从 1850 年秋天开始，凯库勒就在李比希主持的实验室中工作。在名师的悉心指点下，凯库勒受益匪浅。他不仅学到了这位化学大师多样而扎实的研究方法，而且也学到了认真细致、一丝不苟的科学态度。这些为他日后的化学研究打下了坚实的基础。

　　19 世纪中叶，随着石油工业、炼焦工业的迅速发展，有机化学的研究也随之蓬勃发展。有一种叫苯的重要有机化学原料，它是从煤焦油中提取的芳香的液体。当时，化学家们不知如何理解苯的结构。苯的分子中含有 6 个碳原子和 6 个氢原子，碳的化合价是四价，氢的化合价是一价。那么，1 个碳原子就要和 4 个氢原子化合，6 个碳原子该和 12 个氢原子化合（因为碳原子和碳原子之间还要化合）。而苯怎么会是 6 个碳原子和 6 个氢原子化合呢？科学家们百思不得其解。

　　这时，凯库勒也着手探索这一个难题。他的脑子里始终充满着苯的 6 个碳原子和 6 个氢原子，他经常每天只睡三四个小时，一干起来就不歇手。他在黑板上、地板上、笔记本上、墙壁上画着各式各样的化学结构式，设想过几十种可能的排法。但是，都经不起推敲，最终被自己全部否定了。

一天晚上，凯库勒坐马车回家。由于近来过度用脑，他在马车上昏昏欲睡，不知不觉进入了梦乡。凯库勒在半睡半醒之中，他看到碳原子和氢原子在眼前碰撞、跳动，跳着跳着，便结合在一起，连成一条长长的链子，链子一端附着小原子。一条消失了，另一条又闪了过来……凯库勒想让它们停下来，可是，那些奇怪的链子还在他眼前闪来闪去，他想用手去抓，可手一伸，链子又全部消失。

"先生，您到家了！"马车夫大声叫醒了睡眠中的凯库勒。他睁开眼，茫然四顾，咦，那些奇怪的链条呢？与此同时，一个清晰的想法在他的脑海里形成：碳原子的结构与氢原子相互结合而形成的一条长链，氢原子正是附在这根长链子上。这种碳原子和氢原子化合物被称为链式化合物（图104）。

但是，问题又来了，链式化合物的理论无法解释苯的结构。凯库勒又开始研究。几个月过去了，丝毫没有结果。

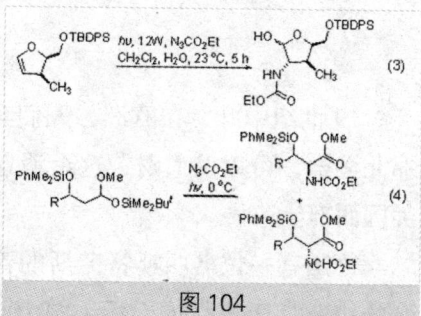

图104

转眼到了第二年冬天，那是个大雪纷飞的夜晚，凯库勒坐在家里，一边在纸上画着化学结构式，一边思考着如何解释苯的结构。炉火就在离他不远的地方，烤得他周身暖洋洋的。不知不觉，他又进入了梦乡。

刚闭上眼，那些调皮的原子又在他眼前碰撞、跳跃。开始，它们排列成像蛇一样的形状，一会儿弯曲，一会儿伸直，一会儿翻卷，跳着跳着，突然，这条蛇竟然咬住了自己的尾巴，形成一个圆圈，那圆圈不停地旋转，越转越快，活像一条金黄色的蛇在狂舞……凯库勒像被电击似地从梦中惊醒，但那神奇的金蛇还在他眼前飞舞……

当晚，凯库勒把梦中见到的情景

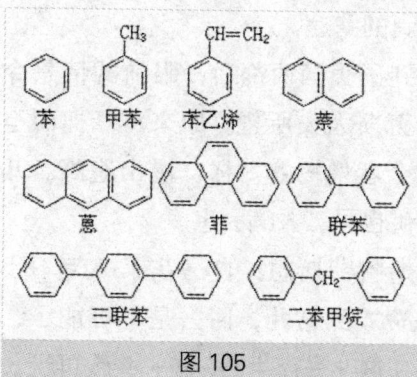

图105

记录下来，他对着这奇怪的图案一直想到天亮，终于想出了一种用环形结构来表示苯分子结构的式子，建立了六边形结构的理论（图105）。从此，化学家们不必再完全凭天真的臆想和推测，而是走上了先测定分子结构，再人工合成的预知方向的道路。经过论证，凯库勒终于第一个提出了苯的环状结构式，解决了有机化学上长期悬而未决的一个难题。

牛仔服问世的故事

19世纪中叶，在欧洲，人们奔走相告：美国西部发现了一批金矿，到那儿淘金，可以发大财，这个消息吸引了许多青年，他们背井离乡，涌向美国西部。

德国有一位名叫斯特劳斯的青年人，因家境不好，早已辍学，在父亲开的小杂货店里帮忙干活（图106）。当地的小杂货店不少，因此店里的收入也很有限，仅能勉强维持全家生活。当斯特劳斯听到美国发现金矿的消息后，决心到外面去闯一闯。

于是，斯特劳斯和许多欧洲青年一样，怀着发财梦，告别了父母，踏上了新的路途。

到了美国西部后，眼前的情景令斯特劳斯大失所望。原来，蜂拥而至的淘金者像蚂蚁一样，漫山遍野。几个金矿也早已人满为患。

斯特劳斯想：自己花了一笔不小的路费才到这儿，回去是不可能了，只能在这儿另谋生路，赚一些钱再说。

图106

好在他跟父亲学过一些做生意的本领。当他看到许多淘金者和当地的牛仔时，立即想到：这些人要生存，就需要大量的日常生活用品，要是开一家小杂货店，准能赚到钱。

说干就干。第二天，斯特劳斯变卖了母亲给他准备的结婚用的钻戒，在金矿和牧场的附近开了一家小杂货店。

果然不出他的所料，小杂货店的生意还不错。附近的淘金者和牛仔经常到杂货店买些食品。有时，在收工后，他们也会到店里买一瓶啤酒，三五成群地站在店铺边上喝啤酒。

一天，斯特劳斯听到几个牛仔和淘金者在抱怨裤子的质量："这条裤子刚穿上20多天，就磨破了"。"这些裤子都不耐用，隔一段时间就要买一条"。"买一条裤子，要跑上那么远的路程，真麻烦"。

富有经商天赋的斯特劳斯听到他们的议论，立刻联想到：要是开一家服装加工店，专门生产布质坚固些的衣服，还有矿上需要的帐篷，生意一定不错。

斯特劳斯将开小杂货店赚来的钱，用来开服装加工店。由于斯特劳斯卖的衣服质地好，价格也较低廉，因此，受到了矿工和牛仔们的欢迎，生意红红火火。

一天，服装加工店的裤子都卖完了，布料也用完了，又来了许多顾客，要求在这一两天就要。这可如何是好？再去运布料肯定是来不及了。

斯特劳斯望着仓库里仅有的一些用来做帐篷的帆布，急中生智，决定用这种帆布赶制一批裤子。考虑到帆布也很有限，而且帆布比较坚硬，因此，他决定"偷工减料"，把裤裆做短一点，裤腿做紧一点。

订制服装的顾客，由于急用，顾不得许多，将信将疑地将"伪劣"裤子带走了。

斯特劳斯心里明白，这种帆布制成的服装肯定比较耐用，但这种服装穿起来感觉如何，他心里也没有底。他做好了最坏的打算，要是那些顾客找上门来，干脆就给他们换正宗的裤子。

没过几天，那些顾客果然找上门来，但出乎斯特劳斯的意料，他们不是来退货的，而是要求再订制一些这种用帆布制成的裤子。

他们说："这种裤子不但坚实耐用，而且穿起来舒服，看起来还别有一种美感。"

斯特劳斯连忙又购进了一大批帆布，制作各种大小不等的裤子。不久，这些裤子被抢购一空。尤其是牧场里的牛仔特别喜欢这种裤子。因为这种裤子耐磨，而且穿着紧身，便于牛仔上马下马。于是，人们就管它叫"牛仔裤（图107）"。

后来，城里的人到郊外玩，看到牛仔们穿的裤子有一种粗犷的美，便纷纷效仿。

图 107

斯特劳斯索性关闭了杂货店，开了一家牛仔衣公司。他根据城里人的穿着特点，对牛仔裤进行了改进，比如：放低腰身，使用金属纽扣，缝制时采用特别坚固的粗线。并且，又用帆布制成紧身上衣。于是，牛仔服也就问世了。

为发明献身的"飞人"

人类早就有飞上天的幻想。古希腊有这么一则神话故事：

有一个叫底达罗斯的巧匠，为了逃避国王对他的禁闭，偷偷地用蜡和羽毛制成巨大的翅膀，然后把它安装在双臂上，带着儿子伊卡诺斯飞返故乡。途中，伊卡诺斯因飞得离太阳太近，阳光把蜡熔化了，结果，他掉到大海里淹死了。

滑翔机的发明，可以说初步实现了人类的美好愿望（图108）。德国的李林塔尔对滑翔机的发明作出了突出贡献。

李林塔尔小的时候，他的家乡每年夏秋两季总有成群结队的鹳，从非洲飞来，冬天又飞回非洲。

一次，李林塔尔和他的弟弟古斯塔夫一起去看鹳。在蓝天白云间，飞翔着许多鹳，它们有的正振翅飞入天空，有的徐徐滑翔……

图108

吉斯塔夫望着天空，好奇地问李林塔尔："哥哥，鹳为什么会飞？"

李林塔尔不假思索地回答："因为它们有翅膀呗。"

图109

"我们如果造一个翅膀装在身上，会不会飞呢？"古斯塔夫又问（图109）。

"我想一定可以的。"李林塔尔坚定地说。

古斯塔夫摇摇头说："这是一件没有人做过的事，恐怕很难做到。"

"只要我们有决心，这是完全可能的，我们一定会像鹳一样飞翔！"

像鹳一样在蓝天上飞翔的目标，就这样在李林塔尔的心中扎下了根。

李林塔尔长大后，成了一家机械厂的工程师。为了实现飞上蓝天的目标，他和弟弟先是制造了一架有3对机翼的飞行器。它的机翼可以向下或向上移动。经过试飞，他们对这架飞行器的飞行性能很不满意。

这时，李林塔尔和古斯塔夫再次想到了鸟。

"鸟为什么能飞呢？为什么鸟有了翅膀就会飞？鸟是怎样利用翅膀飞翔的？鸟的翅膀结构是怎样的呢？"

这些问题萦绕在他们的脑海里。为了解答这些问题，他们饲养了许多善于飞翔的信天翁和鹳。

经过几年的观察和思索，李林塔尔将他和弟弟研究的成果写成书，并于1889年出版。在这部书里，李林塔尔写道"鸟在飞行中的升力，鸟翼运动时所需要的动力，以及翅膀（可以认为是一种杠杆）——这些就是鸟能够飞行的实质特征。"

有了理论的指导，李林塔尔的设计制作思路更明确了。为了便于做飞行试验，他在柏林郊区专门修筑了一个斜坡。在1891年至1896年间，他制造了5种单翼滑翔机和两种双翼滑翔机。

接着，他开始在试飞场做试飞试验。只见他用双臂将自己支撑在滑翔机机翼之间，用双腿在山坡上奔跑起飞。起飞后，他的臀部和腿悬挂在滑翔机下面，并通过摆动身体，保持滑翔机的稳定。结果试验取得了成功！

为了更进一步验证滑翔机的性能，李林塔尔又将滑翔机带到更高的山上做试验。

一次又一次的滑翔，一次又一次的改进，李林塔尔使滑翔机的飞行距离从75米、150米直至300米。

正当李林塔尔向更高的目标挺进时，一件不幸的事发生了：

1896年8月9日，李林塔尔和往常一样，又在高山上试飞。他熟练地操纵着滑翔机顺利地起飞了。可当他起飞一会儿后，忽然风力变弱，李林塔尔准备下降滑翔机。可不知怎么搞的，滑翔机出了故障，从20米高处掉下来。李林塔尔被摔成重伤（图110）。第二天，他因伤势过重，医治无效而去世。他在弥留之际，还语重心长地说："要想学会飞，必须作出牺牲。"

李林塔尔的遇难，并没有使后来者胆怯。许多滑翔机制作、飞行爱好者，以李林塔尔的献身精神为榜样，不断提高滑翔机制造、飞行水平。

图 110

1900 年，莱特兄弟制造了一种新型滑翔机（图 111）。它不是靠人体来控制飞行，而是通过改变机翼的角度和面积来调整空气的阻力和升力，由此操作飞行，从而较好地解决了升降、平衡、转弯等问题，比李林塔尔的滑翔机大大前进了一步。之后，莱特兄弟还在滑翔机上安装了动力装置，由此发明了飞机。

图 111

时至今日，滑翔机也没有因为飞机的出现而退出历史的舞台，相反它的性能更为完善，被广泛用于飞行训练和航空体育运动。

汽车的发明故事

达·芬奇不仅是意大利文艺复兴时期的伟大画家，而且还是一位卓有成绩的自然科学家、工程师。他在军事、水利、土木工程等方面都有许多重要的设想和发现。

一次，达·芬奇作画累了，推开小阁楼的窗户，望着不远处的街道（图 112）。这时，从远处"咔哒、咔哒"驶过来一辆豪华的双轮马车。达·芬奇突然冒出一个奇怪的想法：可不可以造一种自动行驶的车子呢？如果有这样的车子的话，那可要比用马拖车好多了。正当达·芬奇想得出神的时候，"当当……"远处的钟楼传来了清脆的钟声。"对了，能不能像钟一样，给车子安上一个发条。这样只要上紧发条，车子就会自动跑了。"于是，达·芬奇坐到桌前，用笔将设想中的这种自动车子的结构画了下来。

图 112

可遗憾的是，直到 1519 年达·芬奇去世时，这种自动车子还没有问世。

1649 年，德国有一位技艺精湛的钟表匠，根据达·芬奇留下的图纸，试制成功了世界上第一辆不用牛马牵引的车子。只要给它上足发条，它就可以自动向前走。不过它走得很慢，而且使用也麻烦，没有什么实用价值。

这辆自动车子虽然没能像达·芬奇想象的那样实用，但却引起了法国一位军官的注意，他就是在一家兵工厂工作的库诺。

库诺所在的兵工厂，专门生产一种笨重的火炮，要运送这种笨重的火炮很不容易，一门火炮要用几匹壮马才能拖动。1769 年，瓦特发明的蒸汽机传到法国。库诺产生了这么个念头："利用蒸汽机作动力，可能制成自动汽车，用这种车代替马拉火炮，那就省事多了！"

不久，库诺就试制了一辆用蒸汽机作动力的车子。这辆车子有 3 个车轮，车身为长条形，上面有个大锅炉，锅炉的后面装有两个气缸，它由蒸汽推动里面的活塞上下运动，然后通过曲轴传给前轮，使车轮转动。

库诺将这"怪物"开到一条马路上。车发动后，浓烟和蒸汽一起往上冒，因此围观的人叫它"汽车"（图113）。它慢悠悠地"走"在路上，发出"咣啷、咣啷"的声音，那样子既

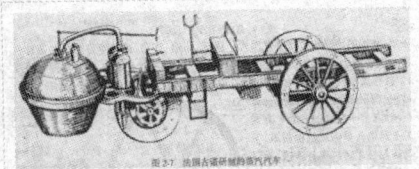

图 113

可怕又可笑，活像一位患了气喘病的老头在走路。每隔 15 分钟，这辆车就要停下来加一次水。

库诺接着又对这辆车做了改进。有一次，他想试试车子的性能，便将车开到一条热闹的大街上。忽然，前面驶来一辆马车，马车像是挑战，又像是戏弄，迎面朝库诺的汽车冲过来，库诺赶紧给马让道，不料，车把转向不灵活，结果"怪物"给一头撞到了墙上。

事实告诉人们：用蒸汽机作动力制成的车子是不够现实的。不说它要不停地加水，就它的"体型"而言，体积庞大，身上驮个大锅炉，占据了很宽的路面。

自动车子的研制陷入了困境。

那么到底该用什么东西作汽车的动力呢？有志于汽车研制的专家们都在考虑这个问题。

1878 年，德国工程师奥托了解到：在气缸中充进煤气，使用电火花引爆产生的力可推动活塞运动。经过无数次的试验失败，奥托终于研制成功

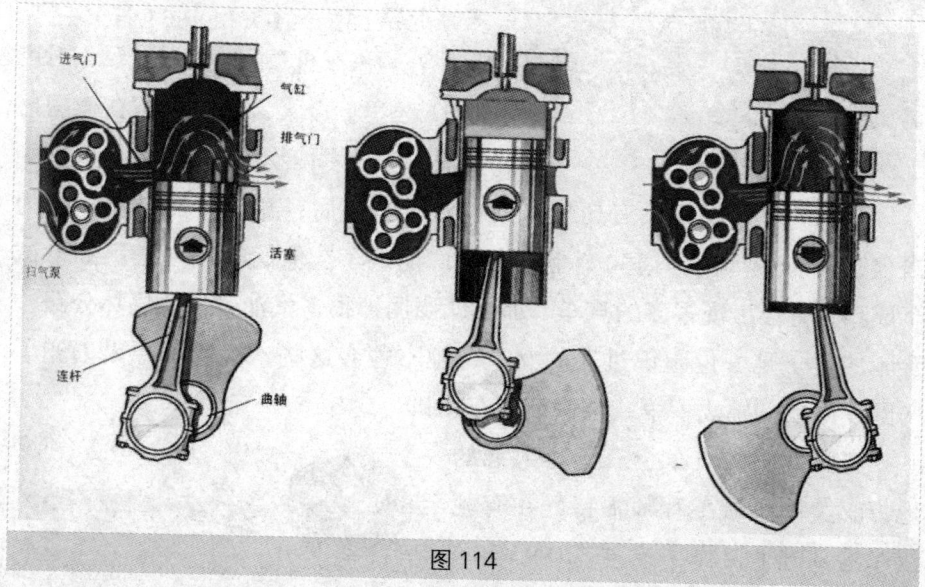

图 114

了用煤气作燃料的引擎（即内燃机）（图 114）。这种引擎不用蒸汽锅炉，不用点火，体重小，操作方便；而且由于煤气的爆发力比蒸汽大，因此动力更大。

虽然煤气引擎比蒸汽机前进了一大步，但也存在一个问题：每个引擎都必须携带一个大的煤气口袋。

这时候，美国发现了石油，并加以开采。接着，欧洲也发现了大量石油，人类开始使用石油点灯（那时电灯还只是富贵人家的奢侈品）。随着石油炼制技术的提高，人们从石油中还提炼出了更容易燃烧的轻质石油（汽油）。于是，自然而然地就用汽油代替了煤气，作引擎的燃料。这种汽油

图 115

引擎体积更小，动力更大。它的出现，预示着真正的"自动车子"的诞生已经指日可待了。

德国工程师奔驰全身心地投入了汽油引擎的研究（图 115）。他对引擎的结构作了进一步的改进。终于在 1886 年制成小型高效的引擎。同年，奔驰将他的引擎安装在一个有 3 个轮子的车架上，于是世界上第一辆汽车问世了！

这辆汽车自重 254 公斤，每小时可跑 16 公里。今天，它还珍藏在德国慕尼黑科学技术博物馆里。

有趣的是，这辆具有历史意义的汽车制成后，竟然不能试车。因为当地政府有关部门已通知奔驰，不允许他试车。他们的理由是：如果试车成功，将会出现很多的汽车，那么就要用掉很多汽油，还会搞坏公路。奔驰的妻子是一位胆识过人的女人，她不理会这些，将汽车开出去兜了一圈才回来。她成了第一位汽油汽车司机。

奔驰发明的汽车仍有不尽人意的地方。美国机械工程师福特，在奔驰汽车的基础上又作了改进。1893 年 4 月，福特制造出了一辆更好的汽车：在 4 轮马车上安着一把椅子，椅子下面放着奔驰发明的汽油引擎，并安装有操纵杆。5 年后，福特试制成了第二部汽车，它比第一部更趋完善。

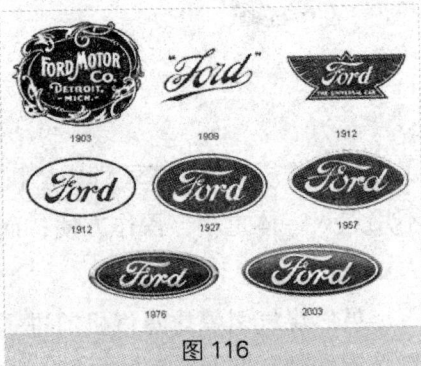

图 116

1911年，福特成立了"福特汽车公司"（图116），开始大量生产汽车。

从此，达·芬奇梦想中的自动车子成为了人们不可缺少的交通工具之一。

白衣天使南丁格尔的发明

任何一个有显赫门庭的贵族之家，都会这样评价那位名叫佛罗伦斯的贵族小姐："南丁格尔家的小姐恐怕是疯了。"因为她竟然选择当一名护士作为自己的终身职业。这在上流社会简直是一种背叛的行为，大概是由于她出身在意大利的佛罗伦萨，沾上意大利人那种异想天开的脾气了吧。

南丁格尔出生在贵族世家，从小受到良好的教育（图117）。求学时代，各科成绩均名列前茅，无论音乐、艺术，还是文学都有较深的造诣，她还能说一口流利的意大利语、法语和德语。这样一位聪明美貌的贵族小姐，本应是许多贵族子弟倾慕的对象，现在要去当下贱的护士，不是被糟蹋了吗？

当时，护士的地位极其低微，只有下层的妇女，在无可奈何的情况之下，才不得不去干这种职业。医院里，工作条件十分恶劣，刺鼻的药味和尸

图 117

体的腐臭弥漫于空气之中，病人痛苦的呻吟不绝于耳。难怪妇女们被判刑后，法官总让她们自己选择：是去坐牢，还是去当护士。那里怎么会是一位千金小姐呆的地方？

南丁格尔却不这样想。她自小乐于助人，经常到邻居家帮着护理病人，尽自己的力量减轻病人的痛苦。她认为，护士是人类健康的卫士，是一种高尚光荣的职业。她要以自己的实际行动改变护士在社会上的地位，她要走一条艰难的道路，从而彻底扭转社会的偏见。

上门求婚的贵族青年们一个个被吓跑了，流言蜚语，恶意中伤不断而来，南丁格尔却一如既往，坚定地走自己的路。她在知识的海洋里继续徜徉，贪婪地汲取着当一名护士应该掌握的护理学知识。

她的父母亲实在感到难堪，他们总觉得，医护工作前途渺茫，太委屈自己的孩子。万般无奈之下，他们只得让南丁格尔出国考察旅行，希望自己的女儿在接触了更大的世界后，会改变自己不明智的选择。

南丁格尔也答应出国，不过，她决不是去寄情于山水，消磨自己的意志，她要利用这次出国的机会，更多地了解世界护理事业的现状。她参观和走访了欧洲的许多医院和护理学校，又到埃及去了一趟。这一次出国，使南丁格尔进一步看到了护理工作存在的问题，更加坚定了从事这一职业的决心。

1850年，南丁格尔第二次出国。这一次，她选中了德国，去那里学习护理学。她在德国认真地学习，三年之后，她又和以前一样，取得了优异成绩。回国之后，她制订了护理制度，第一次让护士的工作也有章可循，规范化了的护士工作改变了这项工作的地位。为了把护士工作纳入医院整体工作，她又改革了医院管理，使它科学化起来。由于她的惊人成就，南丁格尔担任了皇家学院医院的护士主任。

如果说，投身护士职业体现出南丁格尔伟大的一个方面，那么，严峻的战地救护的考验则反映出她彻底的为事业献身的精神。当南丁格尔34岁，就任护士主任之后，这样严峻的考验终于摆在了她的面前，她必须去艰苦的战场上尽自己救死扶伤的天职。

1853年，英国和俄国在克里米亚爆发了战争（图118）。前线的伤员由于没有完善的医疗设备和起码的护理，大批大批地死去。英国的陆军部队动员南丁格尔带领一批护士去前线军人医院护理伤员，南丁格尔毅然率领38名护理人员来到了克里米亚前线。

图118

在斯库塔里，南丁格尔看到了最混乱的"医院"：缺少病床，没有衣服，没有面包，甚至最起码的药物也短缺；伤员们躺在地上呻吟，他们吃的是发霉的硬面包，有的伤口连绷带都没包扎。一切的一切，都等待南丁格尔来建立。

南丁格尔全身心地投入救护工作。她替每一位伤员包扎伤口，给他们消毒，尽力调整伤员的伙食，保证他们有足够的营养。为了防止感染，南丁格尔与所有

图119

护士跪着擦地板，替伤员们洗净带血的衣物。为了安慰伤员，重新鼓起伤员们生活的勇气，南丁格尔不分昼夜，提着一盏油灯，巡回在护理线上，每天她要行走四公里，一边巡视伤情，一边为伤员们唱歌（图119）。每天二十个小时的工作时间，使南丁格尔劳累过度，病得连头发都几乎要脱落光了，但她依旧坚持工作。

除了自己拼命工作，南丁格尔还多次写文章投到报社，报导战地的情况，批评不关心伤员安危的官僚机构。她的斗争取得了一些效果，前线医院的状况有了较大的改善，伤员的死亡率由千分之六十降至千分之三。由于南丁格尔优异的贡献，她成为前线第一位妇女长官，担任前线的总督导员。

三年之后，战争结束了。南丁格尔实践了自己的诺言，陪伴最后一名伤员离开前线。社会为了报答她的辛勤奉献，募捐了五万英镑赠送给她。

南丁格尔用这笔钱开办了英国第一家护理学校，她要按照科学方式培养更多献身于护理事业的白衣天使。

现在，国际红十字会设立了"南丁格尔奖"，用来奖励在护理科学上作出卓越贡献的人。给她们颁发南丁格尔奖章，奖章的正面，镌有象征和平的橄榄枝，以及手执油灯的南丁格尔的半身像——一位白衣天使的纪念像。

照相机的发明

在 35 岁之前，路易·达盖尔是法国北部科尔梅耶镇的一名画家（图120）。跟一般的画家不同，他虽然也学过素描，画过写生，摆弄过五颜六色，也曾经为那些古典大师的作品陶醉不已，但他总想创造一种前所未有的新作品样式。公元 1822 年，他便设计过一种透景画，获得过超乎想象的巨大成功。

图 120

以前，所有的画都在一个平面上展示出来。画家们根据观察到的人间场景，设计出一个画面上的中心，把重要的内容展示在画的中心，然后配上背景。远的，小一些，模糊一些；近的，大一些，清楚一点。这就骗过了看画的人，好像他们就处在真实的场景之中。

达盖尔可不想永远这么做，他设计的画用一套特殊的照明设备配合，让观看的人真正见到一幅壮观的全景图画，人们简直就像身临其境一般，那感觉简直是好极了。

可是不久，达盖尔又觉得，自己也在蒙骗别人的视觉。因为无论如何，自己的透景画毕竟还是用画笔和油彩画出来的。能不能让一种机械装置自动地再现出人间的景观来，不掺杂一点人为的因素呢？其实，他想制造的，便是现在人们所说的照相机，要制造出世界上第一台留住过去、再现过去的照相机，确实是一件不容易的事。

有了这样一个发明创造的动机达盖尔便拼命地学习起来。他明白，任何发明创造都应该建立在一个基础上，那就是前人在这方面的研究成果，人类的文明史，本就是一种文化的积淀。吸取前人成果，一定能给自己的创造找到灵感。

他学习了800年前已发明的暗箱，那是一种小孔成像的设备（图121）。在不漏一点光线的箱子前端钻一个小孔，就能在一定距离的屏上出现小孔对面蜡烛光焰的倒影。可惜那倒影太小，而且只能显出发光的物体形象，更不能永远保留下来。

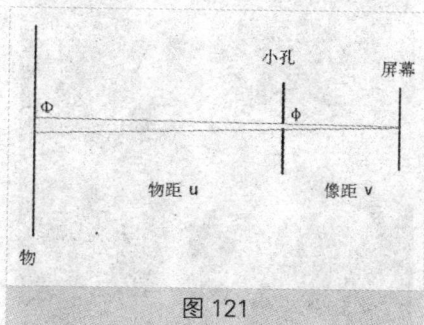

图 121

到了16世纪，一位叫卡尔达诺的人曾对这种暗箱作了重大的改革。

图 122

达盖尔找到了这段材料，并认真进行学习（图122）。卡尔达诺创造性地用凸透镜代替了小孔，透镜能成像，并且能够把更大的倒像投射到暗箱的屏上，而且清晰程度也大大高于小孔。达盖尔觉得，这种改革无疑是在再现人间景观的道路上迈出了重要的一步。

达盖尔发愤学习，又动手制作，他制作的卡尔达诺式带镜头的暗箱已经达到了非常成功的地步。只要对镜头和暗箱作合理的调整，调整到适当的距离，屏幕上就会出现镜头前事物的清晰倒影。

可惜的是，达盖尔暗箱的屏幕只能与人间景观同步存在，不能保存，用暗箱看当时的景观，这又有什么意义呢？于是，达盖尔又开始寻找能留住屏幕中的形象的办法，只有把形象留住，才算达到了自己的目的。

不久，达盖尔找到了有关的资料。一百年前，有一位名叫舒尔质的化学家，发现银盐是一种强感光剂，如果把银盐均匀地涂抹在纸板上，并且遮住纸板的一部分，再用光照射纸板，那么就可以得出一种暂时的影像。

图123

达盖尔从中看到了希望。如果能在暗箱里装进这种纸板，那么从镜头中透进的光线不就可以在纸板上出现相应的影像了吗？他多次尝试这种机械，可是因为对银盐太不了解，多次的试验都没成功。

这时候，达盖尔结识了志同道合的约瑟夫·涅普斯（图123）。涅普斯也在试验把感光物质同暗箱结合起来，他用的是犹太沥青，而且用这种化学试剂成功地制作了一些"照片"，但涅普斯的"照片"还不能算成功，因为他的"照片"相当模糊，而且必须曝光8个小时，这种机械是不会有实用价值的。

现在，两个志同道合的发明家结成了亲密的伙伴，他们交流经验，取长补短，为了共同的事业，共同的努力使"照相"这种技术有了巨大进展，可惜涅普斯英年早逝，1833年他去世之后，制造理想实用的照相机的任务，便再次落到了达盖尔一个人的肩上。

达盖尔继续着自己的试验。他改换了感光剂，把涅普斯的犹太沥青改成感光性能更强的碘化银，使原来需要8小时才能成像的感光片变成只需15～20分钟便能成功的新材料感光片。虽然这种方法还比较笨，但曝光时间短了，实用价值就明显提高了。除此以外，他还解决了显影定影的一系列可行的摄影体系，使这种新机械、新技术变成一种具有商业价值的发明。

公元 1839 年，达盖尔公布了他的方法，但是，他没有申请专利，他谦虚地宣称，摄影方法是无数人辛勤努力的结果，他特别提到了涅普斯，称他为自己共同的发明者。他这种谦逊的态度在公众中引起了巨大轰动，达盖尔立即成为当时的英雄，他的照相法也得到了迅速的推广。法国政府决定，向达盖尔和涅普斯的儿子发放终生补助金，作为对他们无私奉献的回报。

当然，没有任何一项发明会由一个人单独完成，一个成功的发明家必然会吸取前人研究的成果，但每一个人都有他独特的贡献。达盖尔凭着他对照相机的兴趣，在创造和推广第一架实用照相机方面起的作用是别人无法替代的。是他，第一次让更多的人能再现人间景观。

莫瓦桑的发明

世纪交替的时期是一个人才辈出，发明创造大量涌现的时期，19 世纪将结束的时候尤其是如此。且不说伦琴发现 X 光，居里夫人提炼出放射性元素镭，就是学徒出身的化学家莫瓦桑（图 124），在这新旧交替的时候，也作出了不止一项发明创造。

莫瓦桑本来是个药店的学徒，自从成功地分解出元素氟以后，他的名气大振，成为了法国著名的化学家。但是，到了 19 世纪的最后 10 年，他忽然又对人造金刚石发生了极大的兴

图 124

图 125

趣，在化学界同仁们看来，这位刚登上化学殿堂的学徒，恐怕是有点不务正业啦。

可是，莫瓦桑却不这么想。金刚石是一种名贵的饰物，大颗的纯净金刚石给淑女们增添光彩（图125）；金刚石还是所有物质中硬度最大的一种，它已经在玻璃工业方面展示了巨大的实用价值，想必今后还会有更大作用。可惜天然的金刚石产量太少，产地狭窄，根本不能满足各方面的需要。如果能够人工制造出金刚石来，不就可以解决供求的紧张吗？莫瓦桑觉得自己这么做，是十分有意义的，他既然确定了目标，就决不会退缩。

莫瓦桑之所以把本不属于自己专业的项目作为自己研究的内容，还有他另外的原因。当时人们已经知道，钻石和石墨其实是一种元素不同结构的表现。它们都是一种最基本的元素碳，在一定条件下都会氧化成二氧化碳。那么是什么条件使软软的石墨变成世界上最硬的金刚石呢？莫瓦桑要寻找的，正是如何使软软的石墨变得奇硬无比的办法。

一件新的科学发现最终促成莫瓦桑下定决心。人们在陨石里发现了石墨和炭，而天然金刚石里，也夹杂着炭和石墨（图126）。足见炭和石墨可以在一定条件下转化成金刚石。问题是如何给炭和石墨创造合适的条件。

要使炭或石墨变成结构独特的金刚石，要有十分强大的压力，压力之大令人咋舌。况且碳在一定温度时，就会因为跟氧化合而燃烧焚毁，因此在对碳加压时绝对不能存在氧气，否则会前功尽弃。要做到这两点，在当时确实是十分困难的，但莫瓦桑并没有因为困难而放弃自己的努力。

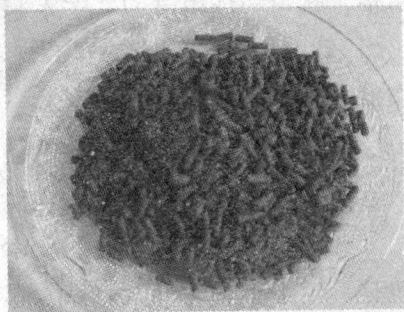

图 126

莫瓦桑采取各种办法对碳加压。挤压，不行；用炸药，也不行；撞击，更达不到要求。必须找到压力更大的办法。他分析了一些金刚石矿的地形结构，了解到在筒状结构中，存在着突然变化的温差。于是，他想出了物质的热胀冷缩，这种特点是可以利用的。

于是，莫瓦桑设计了一个实验：他在石墨坩锅中把金属铁加热，使它熔化。然后，在熔化的铁液中掺入少量的碳，使碳跟铁液混和。在这种情况下，因为铁已经成为液态，它中间的碳并不会跟空气反应。

关键的时刻到了。莫瓦桑将坩锅里的通红的铁液一下子倒入冷水之中，水立即发出强烈的嘶嘶声，冒出一团团水蒸汽。熔化的铁迅速降温，由表及里，变成固体的铁，由于凝结的次序有先有后，表面的铁跟内核的铁发生不同的变化。

形成一团凝固的铁的过程中，核内的含碳的铁在固化时会迅速地膨胀，但是，表面的铁因为汽化的水带走大量的热能，凝结得比核内的快得多，它已经不会膨胀，反而形成坚硬的外壳，并开始收缩。这相反的两股力量集合在一起，方向相反，产生的压力非常大。核内的含碳的铁跟空气完全隔绝，产生金刚石的条件便产生了。

等铁完全冷却，莫瓦桑小心翼翼地把它敲碎，在金属铁中间，可以看到一颗颗细小的亮晶晶的结晶体。莫瓦桑估计它便是自己日思夜想得到的人造金刚石（图127），于是，急急忙忙取出一些到实验室去检验。

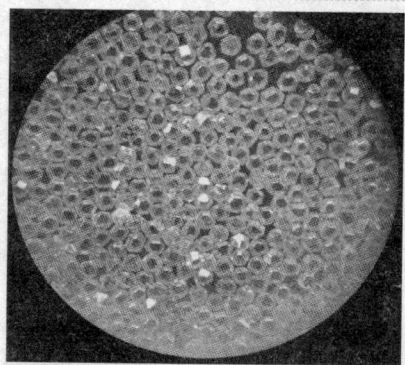

图127

检验的结果使莫瓦桑既高兴又有点失望。这些结晶体太小了，最大的直径也只有0.7毫米；它不像天然金刚石那样闪烁着迷人的光泽，而是微呈黑色，倒有点像它变化前的碳；它的硬度虽然比其他物质硬得多，却还达不到金刚石的硬度。

虽然这些微小的砂粒般的结晶体还不能像钻石一样，拿到市场上去拍卖，但用于加工业上，却已经可以派上用处了。用它来打磨任何物体，它的硬度都绰绰有余，莫瓦桑决定把它提交给法国科学院，请他们给以详解。

1893 年 2 月 6 日，法国科学院郑重地对莫瓦桑的论文进行了讨论。讨论一位化学家提出的、并非化学方面的论文，科学院还是第一次，因此各种意见一齐出现，争论非常激烈。肯定的意见看中它的实用价值，否定的意见则把它当作一位门外汉的胡闹。

但是，真理终于占了上风。在经过一连串的争论后，科学院最终还是肯定了莫瓦桑的创举，肯定贵重的宝石能以碳为原料，通过简单的方法制造出来。这一消息立即变成一条重要新闻，迅速传遍了全世界。

"拯救者" 巴斯德

现在，任何一位学过生物学的人都会说，19 世纪法国伟大的科学家巴斯德是一位研究细菌病原学的专家，是他在微生物研究领域开辟了一个崭新的时代，为微生物学和现代细菌病理学的诞生奠定了基础。但是，巴斯德当初学的专业是化学，因为对酒石酸结晶体提出新的看法而成为法国著名的青年化学家。只是由于他具有强烈的助困济世的信念，面临种种机遇，才会最终步入微生物研究的行列而一举成名的。

图 128

1854 年，巴斯德到里尔大学担任理科系主任（图 128）。这里是法国酿酒业的中心，出产的葡萄酒名闻于欧洲（图 129）。但是，很长时间来，里尔地区酿出的酒总有好多会变酸，业主们因此每年要损失好几百万法郎。酿酒师们千方百计试图解决这个问题，却一直没有成功。现在听说巴斯德来了，便推选代表到里尔大学请求教授替他们解决困难。

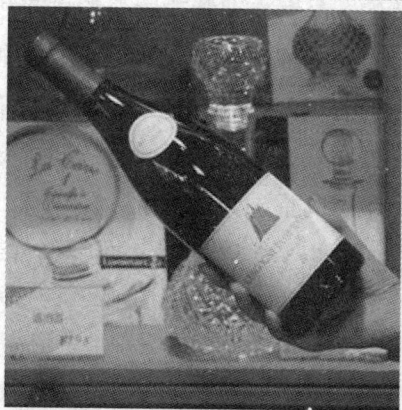

图 129

其实，巴斯德跟酿酒业的因缘只不过是他研究过酒石酸，那是酿酒过程中产生的一种有机酸。现在要他帮着让酒不变酸，这行当并不是他的专业。但是，业主们既然登门求教，巴斯德当然不能拒人于千里之外，于是，他开始步入了微生物世界。

巴斯德深入制酒车间，细心观察酿酒的全过程，并把酿酒过程中各个环节的样品带回实验室，把好酒与酸酒放到显微镜下，反复进行对比观察，终于找到了酒变酸的原因。酿出的酒变酸后，原来呈圆形的酵母菌不见了，代替它的是杆状的细菌，巴斯德称它为乳酸杆菌。

只要能消灭这种乳酸杆菌，葡萄酒便不会变酸了。作为化学家，巴斯德首先想到的是化学灭菌法。但化学法效果并不好，要么杀不死杆菌，要么让酒变了味。于是，巴斯德试验了加热法。他把酒一点一点加热，发现加热到55℃时，杆菌被消灭了，而酒的原有口味没变。这就是著名的"巴氏消毒法"，它后来被应用到各种酒业和奶制品系统，取得了极大的经济效益。

到了 1865 年，法国开始流行僵蚕病，整个法国年产值达一亿法郎的养蚕业面临严重威胁。法国的农业部受拿破仑三世的委托，请巴斯德出山，研究解决僵蚕病的办法，巴斯德为了蚕商的利益，又跨入了新的征程。

这一个新的领域比起上一次更加艰难，研究的进展极慢，蚕仍在一天天大批死去。在这期间，巴斯德又遭受到家庭的巨大不幸，他的三个孩子相继去世，他忍受着痛苦的煎熬，坚持工作，每天工作 18 个小时，过度的劳累损害了他的健康，一度病得瘫痪在床上。躺在床上的巴斯德详细思索了这个阶段的研究，终于悟出了一个道理：蚕病是通过病卵一代一代遗传的，只有立即销毁所有的病蚕和它们吃过的桑树，才会消灭致命的病菌。

他的建议触犯了拥有桑树的蚕农的利益，短视的蚕农们叫嚷着要把巴斯德赶出阿莱省。但是，法国政府采纳了他的建议，用行政手段实施了他的办法。巴斯德的征服蚕病的试验取得了成功，蚕业再次得到蓬勃的发展。阿莱省的蚕农为他建了一座雕像，以纪念他防止了一场危及全国的灾难。

这以后，巴斯德又在其他许多领域取得了成功，其中最典型的一桩，便是治愈了狂犬病。他的这一系列的成功，使他作为一名化学家，在他不熟悉的生物和医学领域里取得了骄人的成绩。于是，种种对巴斯德的流言蜚语也多了起来，有人攻击他，说他只不过是"一个客串的外行"，他的惟一本领便是一次又一次有效地利用了当时最一般的设备——显微镜（图130）。

图 130

对于这一切非难，巴斯德有足够的忍耐力，他并不否定别人说的那些内容。有一次，他坦然承认："我的研究工作，不像某些人想象的那样，有一个既定的目标，一个一成不变的计划。是客观世界偶然促成了这一切：当有人谈起酿酒的忧虑，我便去研究酒精发酵；拿破仑三世下了命令，我又承担了抢救病蚕的任务；人家牵来两条疯狗，我只好研究狂犬病……"至于说巴斯德只会摆弄显微镜，他更不把那些诽谤放在心上。相反的，他认为显微镜已经相当普及，那些致病的细菌，任何一个专业人员都能看得清清楚楚。为什么那些专家却不肯接受客观事实呢？原因只有一个，就是他们思想上的"微生物"蒙住了他们的眼睛，巴斯德为了拯救病人，为了维护真理，决定要把从具体问题中得到的经验，归纳出有划时代意义的学说来。

终于，巴斯德创立了细菌病原说，并且努力在临床医学上推广和应用这一学说。巴斯德针对当时死亡率高得可怕的外科手术，指出死亡原因是病毒感染的道理，还提出解决这一问题的办法：对所有手术用具作彻底的消毒，断绝病毒源，其中包括做手术的医生的手。

可是，在好长时间里，医学界的一些人仍然不愿相信巴斯德，反而说他是"江湖骗子"，"对医学一无所知的门外汉"。只有爱丁堡大学的外科学教授李斯特按照巴斯德的意见办，短短两年中，李斯特教授开刀的死亡率从过去的90%降低到15%（图131）。这种办法还推广到妇产医院，从而挽救了许多产妇和新生儿，巴斯德的学说最终被得到了证实。

就这样，巴斯德从为国为民，为人类作贡献的崇高思想出发，接受了一个个跟他的专业无关，也互不相干的任务，最终跟微生物的研究联系在一起，创立了永远跟他的名字相关的学说，成为受到人类最大的赞扬和感谢的"人类拯救者。"

图 131

第一个压力锅的发明

三百多年前，法国有个医生叫巴本。巴本不仅热爱医生这个职业，而且还喜欢钻研物理学，常常动手做些小试验，也不时有些小小的发明。

巴本医生有一个幸福和谐的小家庭。夏天来了，巴本医生准备同往年

图 132

一样，携妻儿外出游玩，去享受初夏的美妙时光。可是，该怎么玩呢？巴本太太提议说："我们去野炊吧（图132）！自己动手煮菜，多有意思！"

儿子小巴本听了，高兴的一蹦老高："对！爸爸，我们野炊去！"

于是，巴本一家人载着野炊的用具和丰盛的菜肴，兴致勃勃地来到附近的一座山顶上。这里的风景美极了，头顶是一片亮丽的蓝天，飘忽的白云温柔地缠在山腰，潺潺的清泉在山麓蜿蜒而去，真是野炊的好地方。

一家人尽情地玩到中午，巴本太太说："我该做午餐了。"说着，她就开始生起火来。她往锅里添上水，然后加进了土豆。

过了一会儿，锅里的水沸腾了。几分钟后，巴本太太捞起土豆对小巴本说："来，你先尝尝。"

小巴本津津有味地嚼了起来。可没嚼几下，他就皱着眉头，嘟哝着说："妈妈，不好吃。"

巴本在一旁听了，说道："好孩子，你不是最喜欢吃妈妈煮的土豆吗？今天怎么不吃了？"

这时，巴本太太也夹起了一片土豆尝起来。刚尝两口，她就叫道："怪不得孩子说不好吃，这土豆还没煮熟呢！可刚才明明水已经烧开了嘛！"说完，她只好又把土豆放回锅里，重新煮起来。

过了好久，巴本太太打开锅盖，只见水正沸腾得欢。巴本先生笑着说："这回土豆一定煮熟了。"

巴本太太先尝了一块，有些奇怪地说："咦，怎么还是生的呢？都煮了这么久了！"

又煮了好一会儿，巴本太太再尝了一块土豆，惊讶地大叫起来："怎么回事（图133）？这土豆还是生的！"

图 133

巴本先生半信半疑地尝了一口，发现土豆果然是生的。这下他也感到事有蹊跷。

就这样，巴本一家人的午餐被搅和了，他们只好将就啃些面包了事。

回家的路上，巴本先生一直在想着这个奇怪的现象：为什么山顶上煮食物，水开了而食物还是生的呢？

回到家里，巴本一头扎进了实验室，他要揭开这个迷。

经过大量实验，巴本先生发现：原来，水并不都是在 100℃ 时沸腾，当气压降低时，水的沸点也会随着降低。

这时，巴本先生才恍然大悟："这么说，高山顶上气压低，水的沸点也低，因此水很容易沸腾，土豆也就煮不熟了。"

巴本把这个道理说给儿子听。小巴本问道：

"爸爸，照你这么说，山顶上煮不熟食物，那我们以后就永远不能去那儿野炊了？"

儿子这么一问，巴本愣了一下，立即回答说："放心，爸爸会想办法的。下次我们去野炊，一定可以把土豆煮熟！"

可是，怎样才能使土豆在山顶上煮熟呢？一番深思熟虑之后，巴本找到了对策：用人工的办法加大气压，使水的沸点升高。

于是，巴本动手做了一个密闭的锅。在不断加压的情况下，锅里气体的压强越来越大，水居然超过了 100℃ 才沸腾。在高温高压之下，土豆一下子就煮熟了。

就这样，勤于思考又善于动手的巴本发明了世界上第一台压力锅，当时被称作"巴本锅"（图134）。

图134

压力锅和普通锅相比，用普通锅炖排骨，需要两个小时，可用压力锅，15分钟就足够了。正因为压力锅既省燃料又省时间，所以它一问世，就受到了人们的普遍欢迎。

经典的实验

世界上，但凡曾经显赫一时，占有着统治地位的事物，每当它要走向自己的反面，行将灭亡的前夕，总会十分顽固地维护自己的存在，有时候还会出现回光返照式的虚假繁荣。中世纪的经院学说是如此，后来一度盛行的"燃素"学说也如此。

所谓"燃素"，是施塔尔凭空想象出来的一种神秘的物质（图135），说所有在燃烧的物质都具有这种东西。但是，如果按他们所说的计算，任何物质燃烧之后，它们的重量都应该因为释放了燃素而减轻。事实上，很多金属燃烧后重量不是减轻，反而是加重了。这种学说于是变得危机四伏，趋于破产的边缘。但是，坚信燃素说的人虽然无法拿出任何"燃素"来，却依旧坚持这种说法。

1774年10月，燃素说坚定的支持者普里斯特列旅行到巴黎，在一次宴会上得意地告诉他的同行拉瓦锡："亲爱的先生，两个月前，我已经得出一种空气，它能猛烈地吸收蜡烛中的燃素，使烛光变得更加辉煌。"

图135

普里斯特列所说的"脱燃素空气"是这样获得的：他把一种叫三仙丹的物质放在透镜下，让透镜聚焦的太阳光对其进行加热，三仙丹就释放出一种透明的气体，这种气体确实能使烛光更加辉煌。他本来已经走上了正确的道路，发现了助燃的氧气，却因为顽固坚持错误的燃素说，作出了错误的解释。

拉瓦锡跟普里斯特列完全不一样，他在同样的实验之中，看到的不是燃素，却是另一种新的元素，发现的不是"脱燃素"问题，而是实实在在的氧化学说。他由于自己的思考，让科学从谬误中解脱出来，走进了新的时代。

但是，怎样才能让氧化说打倒燃素说呢？要知道，科学是来不得半点虚假的。两种学说既然会走到同一个实验之中，没有强有力的证据是无法说服人的。拉瓦锡决定设计一个巧妙的实验，采用普里斯特列的基本方法，打倒他宣扬的燃素说。

拉瓦锡分析了普里斯特列的实验（图136），他让太阳光聚焦加热三仙丹，实际是使三仙丹的主要成分——氧化汞分解，还原成水银，释放出氧气。拉瓦锡又发现，那种释放出的无色气体在空气中也是存在的，是它使蜡烛燃烧，普里斯特列只是增加了这种气体含量，蜡烛才烧得更旺。那么，能不能把实验从另外一个方向进行，让水银先变成红色的氧化汞，然后再使它分解呢？如果能做到这一点，参

图 136

加两次反应的物质就可以精确地计算出重量来，从而证明根本没有什么"燃素"参与在其中了。

拉瓦锡找到了正确的实验方法，便开始设计自己具有划时代意义的实验。他在一个曲颈瓶里装满水银，然后跟一个密封的钟罩相连，计算出钟罩里空气的体积。然后，他开始点燃炉火，加热曲颈瓶。

由于钟罩里的水银跟曲颈瓶相通（图137），加热之后，水银面上很快出现红色的鳞状斑点，这说明，永银已经跟空气发生反应，生成了红色的氧化汞。这种反应很缓慢，足足持续了12天，水银面上的红色

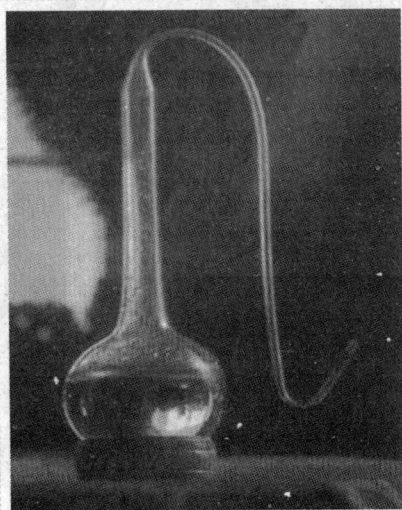

图 137

鳞斑才不继续增加，但钟罩里的水银平面却上升了，上升到钟罩的五分之四处。这表明，钟罩里的空气已有五分之一跟水银合为一处，变成了红色的氧化汞。

实验的第一阶段结束了。拉瓦锡把红色生成物收集起来，称出它的重量，它明显的比相同体积的水银来得重，那是因为它是由两种物质构成的。这时，拉瓦锡还把点燃的蜡烛伸进钟罩中去，蜡烛火立刻熄灭，那里面已经耗尽了可以使蜡烛燃烧的气体。

实验的第二步，拉瓦锡把收集到的红色物质密封在一个曲颈瓶里再加热。红色物体加热后又分解成水银，密封的瓶中产生了气体，计算一下气体的体积，恰恰与钟罩里失去的体积相等，占钟罩体积的五分之一。

拉瓦锡用这一经典性的实验证明了自己的氧化说，完全推翻了统治了化学界几十年的"燃素说"。他用无可辩驳的事实证明，所有的燃烧，决不是可燃物在释放出什么"燃素"，而是在跟空气中的氧气发生猛烈的化合作用，光和热正是这种剧烈反应的结果。

拉瓦锡还证明了，当金属与氧反应时，它们合成为氧化物，所以生成物比原来的金属重；非金属与有机物一旦跟氧发生反应，会生成二氧化碳和水蒸汽，这些生成物散发到空气之中，剩下的是灰烬，质量当然比原物质轻，决不能因为这样的结果去说明它们是释放掉燃素才变轻的。

同样一个实验，为什么普里斯特列会试图去证明虚幻的"燃素"的存在，而拉瓦锡(图138)却能完全推翻它呢？是否尊重事实，有没有科学态度是十分关键的一点。普里斯特列站在真理

图 138

的门口，却因为顽固地站在落后的立场上而对真理视而不见。拉瓦锡却从事实出发，认识了真理。

卢米埃尔等人发明电影的故事

19世纪后期，不少美国人都喜欢赛马。一天，在加利福尼亚洲的一家酒店里，两个年轻人为赛马的事争了起来（图139）。

高个子斯坦大声说："马跃起的时候，四个蹄子肯定都是腾空的。"

"不对！马再怎么跑，它总有一个蹄子是着地的。"矮个子科恩立刻针锋相对地反驳道。

两个人谁也不服谁，争得面红耳赤，也没有结果。最后，他俩各自掏出钱，准备赌个输赢。

图139

第二天，他俩请来了一位驯马好手当裁判。可是，驯马师支支吾吾了半天，也说不清答案。于是，他们三人来到跑马场，牵来一匹马，想当场看个究竟。遗憾的是，由于马跑的速度太快，根本无法看清马蹄是否着地。

英国摄影师麦布里治听说了这件事以后，感到很好奇，他表示有办法解决这个问题。他在跑道的一边并列安置了24架照相机，让它们排成一行，镜头都对准跑道。在跑道的另一边，他打了24个木桩，每根木桩都系上一根细绳。这些细绳横穿跑道，分别系到对面每架相机的快门上。

一切准备就绪后，麦布里治牵来一匹赛马，让它从跑道的一端奔跑过来。当马经过安置有照相机的路段时，依次把24根引线绊断。随着"咔嚓"声，24架照相机快门也就依次拍下了24张照片。麦布里治把这些照片按先后顺序排列起来，由于相邻的两张照片动作相差无几，它们组成了一条连贯的照片带。从照片上就可以看出，马在奔跑时总有一只蹄子是着地的。结果，科恩赢得了那笔赌金。

这场赌博有了明确的说法，同时也产生了一组连续的奔马照片。有一次，麦布里治无意中快速地抽动那条照片带，忽然眼前出现了一幕奇异的景象：照片中的那些静止的马叠成了一匹运动的马，马竟然"活"起来了！

麦布里治赶忙把这些照片做成透明的，按顺序均匀地贴在一块玻璃圆

图 140

盘上，做成一块同样尺寸的金属圆盘（图 140），并在贴照片的位置上，开了一个和照片大小相同的洞。然后，用幻灯向白幕放映，并使两块圆盘相互反转起来。这样，就可以看到马奔跑的连续动作。麦布里治把自己设计的机器称做"显示器"。

其实，这显示器的原理与现在的电影一样，十分简单。它利用了人的眼睛的视觉暂留效应，即人的视觉反映能在脑中滞留很短的一段时间。因此，一张张静止的照片，如快速旋转，相邻的两张照片能在这一段很短时间内连贯起来，那么画面就"活"了。

1887 年，发明家爱迪生受到显示器的启发，成立了第五研究室，致力于电影的研究（图 141）。

经过一番努力，终于制成了第一台"放映机"。放映机的形状像长方形柜子，上面装有一只突起的透视镜，里面装着蓄电池和带动胶片的设备。胶片绕在一系列纵横交错的滑车上，以每秒 46 幅画面的速度移动。影片通

图 141

过透视镜的地方，安置一面大倍数的放大镜。观众从透视镜的小孔里看到，快速移动的影片便在放大镜下构成一幕幕活动的画面。

1894 年 4 月，第一家电影院在美国纽约市百老汇大街正式开幕。这个电影院只有 10 架放映机（图 142），因此每场只能卖 10 张票。结果，电影院前人山人海，人们争先恐后，纷纷以一睹"电影"为荣。

其实，这种"电影"存在着许多缺点，它不能投影于幕上，只有

图 142

很少的人才能看到，图象也不清晰。因为它是让胶片不停地经过片门，而不是以"一动一停，一动一停"的方式经过片门。

爱迪生对自己发明的这台"放映机"也很不满意，也想解决胶片传送方式的问题，可他束手无策。

法国科学家奥古斯特·卢米埃尔和路易·卢米埃尔兄弟俩，对电影的研制也很感兴趣，他们希望攻克电影研制的难题，拿出真正可行的电影来。

1894 年末的一天深夜，路易在设计胶片传送的模拟图时，忽然想到：用缝纫机缝衣服时，衣料不正是作"一动一停"式的运动的吗？当缝纫机针插进布里时，衣料不动，当缝纫机针缝好一针、向上收起时，衣料就向前挪动一下，这不是跟胶片传送所要求的方式很相像吗？

于是，他兴奋地告诉哥哥奥古斯特，他已经有了解决问题的办法：用类似缝纫机压脚那样的机械所产生的运动，来拉动片带。这样当这个牵引机件再次上升的时候，尖爪便在下端退出洞孔，而使胶片静止不动。

此外，他们兄弟俩还利用许多科学家的研制成果，对原始的电影做了多项改进。

1895 年 12 月 28 日，巴黎的一些社会名流应卢米埃尔兄弟的邀请，来到卡普辛大街 14 号大咖啡馆的地下室，观看电影。观众在黑

图 143

暗中，看到白布上的画面形象逼真，清晰流畅。

这就是世界上第一部真正的电影，它意味着电影技术已经成熟。后来，人们把这一天——1895 年 12 月 28 日定为电影诞生日（图 143）。卢米埃尔兄弟也被称为"现代电影之父"。

"卡介苗"的诞生故事

自从 1882 年科赫分离出结核杆菌以后，人们对结核病的防治便发生了兴趣，好多人都盯着自古以来曾经危害人类的这种疾病，下决心要找到防治它的办法。

结核病可算是危害人类最大的一种疾病了。结核杆菌最容易侵入人的肺部，在人类最娇嫩的器官里繁殖生长。患上了肺结核的人，吃得一天比一天多，身体却一天比一天消瘦。每天午后，双颊变得红红的，严重的时候，病人拼命咳嗽，等到咳出的痰里夹带着血丝，便到了十分危险的地步。

肺结核的可怕不仅因为它十分难治愈，还在于结核杆菌极易传染（图 144）。病人随口吐痰，痰液干了，结核菌便在空气里飞扬，人们吸进肺里，杆菌便在胸膛里安家落户，辗转相传，患病的人极多。在当时的欧洲，三个病人中就有一个死于肺结核；在中国，

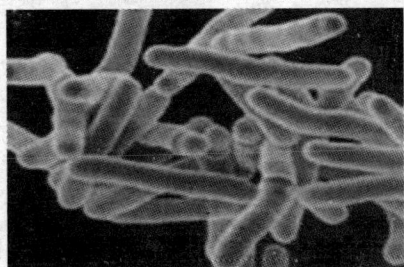

图 144

人们称它为"痨病"，"十痨九丧"，也是当时最难治的四大疾病之一。

自从詹纳发现了种牛痘能防止天花传染之后，人们就学得了一种防止疾病传染的方法。现在，既然缺少医治肺结核的灵丹妙药，也可以从防止结核菌传染入手吧。为此，好多细菌学家作了无数次探索，有人甚至把结核菌传染给公羊，想来个"羊痘苗"式的奇迹，却遭到了失败。

法国的细菌学家卡默德和介兰就做过类似的试验，不过，他们最终发现，结核菌跟天花病毒完全不同，它不仅没有免疫机制，而且十分凶狠，靠任何牲畜，都无法制出能预防传染的妙方出来。

就在他们几乎要绝望的时候，接到巴黎郊区一个农庄主的邀请，要他们去瞧瞧，是什么细菌害得农庄里的玉米发生了病变。卡默德和介兰觉得主人的盛情难却，便抱着姑且一试的心情答应下来。说真的，他们对危害植物的细菌并不太在行，但是到郊外透透新鲜空气，总比整天关在实验室强得多。

来到农庄，主人早就在一大片玉米田边等着了。顺着农庄主愁苦的目光，卡默德和介兰看到了那片玉米田，也禁不住愁苦起来。长在田里的玉米，又矮又细，黄叶倒有一半。结出的玉米棒子，稀稀拉拉只结着几粒又小又瘪的种子，倒像生了癫痫的脑袋，难怪农庄主人要请两位专家来"会诊"呢。

接受了邀请，当然要忠人之事，况且卡默德和介兰都是作风谨慎的学者，又怎会马虎了事？他们经过仔细的观察和分析，又详细询问了农场主耕作的经过，两人的眉间打起了结，他们找不出玉米患病的原因（图145）。

图145

耕作的流程不会有问题，农庄主是行家，他可以保证，无论播种、施肥、间作、授粉，都是一板一眼，一项没错；田间也没有发现害虫；至于农庄主所怀疑的"病菌"，卡默德和介兰也没有发现。玉米生的是卡默德、介兰它们所不知道的另一种毛病，他们只得对农庄主人说一声"实在抱歉。"

"咳，玉米老喽。"农庄主眉头又打起结来，"看来，又得花钱引进良种了。"既然专家说得如此肯定，农庄主心中自然而然明白了一大半，买种子的钱怎省得了？

说者无意，听者有心。卡默德和介兰互相瞧了一眼：老了？玉米年年发芽，抽苗，开花，结实，从生到死，"老"不是很正常吗？还会有什么其他的"老"法？真是隔行如隔山，他们都对农庄主的话发生了兴趣。

看两位专家如此惊疑，农庄主不由笑起来。他解释说：他种的玉米，是好几年前从国外引进的良种。刚种那几年长得又粗又壮，结出的棒子颗粒饱满。后来，种子的特性逐渐退化，一年不如一年。到这时，便得重新引进良种。乡下人说话粗俗，把这种情况叫"老"了。

原来如此，卡默德和介兰又互相对视了一会儿。紧接着，他们会意地一笑，扔下莫名其妙的农庄主，匆匆回巴黎去了。疑惑不解的农庄主哪里知道，他病急乱投医，找来两位细菌专家，没医好自己的玉米，倒提醒了卡默德和介兰，让他们找到了一条制服结核菌的有效途径，帮了他们一个大忙。

既然玉米种子会一代不如一代，那么，结核菌是不是也能通过世代相传，降低它的毒性呢？等到它变得只会提高人们抗菌能力而不致危害肺部，那不就成了预防结核的"牛痘"（图146）？

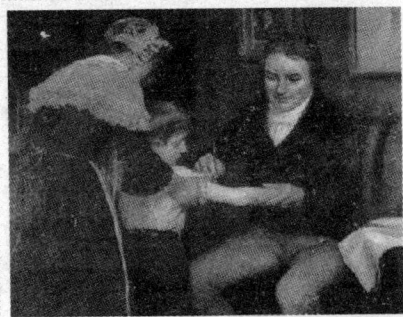
图 146

有了新的构想，卡默德和介兰便一头扎进实验室，开始了培养无"毒"的结核菌的试验。这比到牛身上刮"牛痘"可难多了，先实验家鼠的肺部，一代又一代提取结核杆菌，再采取药物抑制它的活性，然后再让下一批家鼠染上结核病，药用得多了，结核菌索性死亡，还得从第一代重新做起。有时候，已经减低了活性的杆菌忽然有了抗药性，便又得从头做起，再寻找合适的药物。

从 1884 年开始，两位细菌学家花了整整十年的时间，把结核菌连续培养了 230 代，才找到了被"驯服"的疫苗。把这种疫苗接种进人的皮肤，人们便能产生对结核菌的抵抗力，在一段很长的时间内不怕感染上肺结核。

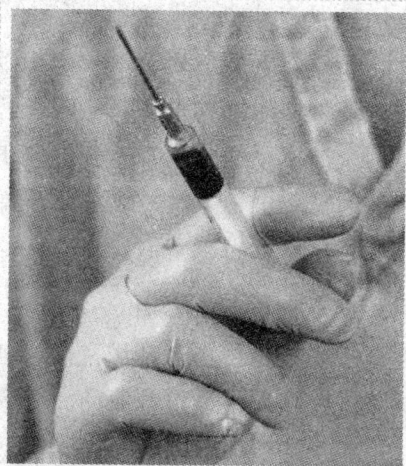

一次歪打正着的对玉米的出诊，再加上两位科学家不懈的努力，终于使人们掌握了防治肺结核的方法，推进了传染病防治事业的进步。人们为了纪念两位为这项事业贡献出一切的科学家，把他们姓氏的第一个字母拼在一起，称这种肺结核疫苗为"卡介苗"（图 147）。

图 147

新型缝纫机的问世

伊里·豪出生在美国一个贫穷的家庭。小时候因为有病没有得到及时治疗，使脚落下了毛病，成了残疾人。

伊里·豪从小就有志气。为了减轻家里的经济负担，他 6 岁时就到一家服装厂工作，并在那儿干了大半辈子。他干活时很会动脑筋，经他缝制的衣服特别有样子。

伊里·豪有一副热心肠，大伙儿有什么技术问题找到他，他总是耐心地帮助解决。看到别人生活上有什么困难，他也总是一瘸一瘸地来到人家的身边，尽量提供帮助。因此，他在厂里深受大家喜爱。

伊里·豪成年后，与他同在一个厂的一位漂亮的姑娘，深深地被他的人格魅力所打动，对他产生了爱慕之情。不久，他们成了一对伉俪。

婚后，夫妇俩恩恩爱爱，相敬如宾。他们俩除了白天在厂里干活外，晚上还帮别人缝衣服，以补充家里生活费用的不足。

夜深了，伊里·豪看到妻子仍拖着疲惫的身体，在灯下一针一线地缝制衣服，心里很不是滋味。他觉得自己愧对妻子，不能让她轻松些。

伊里·豪对妻子说："要是有一种机器，能替代你缝衣服就好了。"

妻子听了，笑着说："哪有这样的机器，还是别胡思乱想，先去睡吧！"

伊里·豪可不是胡思乱想，他把自己说出的话当真了。那天晚上，他失眠了，脑海中老想着那种"会做衣服的机器"。

第二天，伊里·豪就向一位知识渊博的机械专家请教。机械专家告诉他："早在近百年前，就有人发明了缝纫机，可不大好用（图148）。10 年前，在美国就有一位名叫沃尔特·亨特的人制造了一台缝纫机。"

"亨特住在哪儿？"

"你要找他？"

"对，我要当面向他求教。"

机械专家把沃尔特·亨特的住址告诉了伊里·豪。

图 148

回家后，伊里·豪把他准备去找亨特的想法告诉了妻子。妻子劝他："那么远的地方，你脚又不方便，就是到了那儿，也不一定能找得到，还是别去吧！"

伊里·豪说："我一定要找到他。"说着他便开始准备行囊。深知他脾气的妻子，也只好同意了他的想法，深情地将丈夫送出了家门。

经过 10 多天的长途跋涉，伊里·豪来到了亨特的住处。他向亨特说明了来意。亨特被他的这种精神所感动，但他不同意把自己的缝纫机设计方案告诉伊里·豪。

伊里·豪左缠右磨，苦苦哀求。看到伊里·豪满脸困惑的样子，亨特给他讲了一个故事：

1834 年，我经过刻苦钻研，发明了一台新式缝纫机。它是利用弯针穿过布料，和下面的线连挂起来形成针脚的。我很高兴，决定马上去申请专利。可我的妻子并没有多大的热情，只见她望着那台缝纫机发呆。

我问妻子："你是不是发现缝纫机还有什么毛病？"

妻子摇摇头，声调低沉地说："你能申请专利，我当然很高兴。不过，如果这种缝纫机上市，很多手工赚钱的人就没有饭吃了！"

听了妻子的话，我不觉心里一怔，她说的似乎也有道理。接着，妻子又说道："听说 4 年前，有一位名叫泰勒米·蒂莫尼埃的人发明了一种缝纫机（图 149），还开办了工厂。那些缝制衣服的工人就失业了。他们联合起来，冲到蒂莫尼埃的厂里，把机器全砸坏了，还将蒂莫尼埃毒打了顿，最后，蒂莫尼埃逃到美国，一病不起。我担心你重蹈覆辙。"

图 149

听了妻子的话，我好像被泼了一盆冷水，一点干劲都没有了。同时，也发誓永远不把制造缝纫机的技术传授给别人。

伊里·豪听了这个故事，心里非常难过。他不想为难亨特，默默地离开了亨特的家。

回到家后，伊里·豪决心自己从头干起。他买回一些材料和工具，自己设计了一个制造方案。机械方面，他几乎是门外汉。凡是遇到什么问题，就向机械专家请教。

经过艰辛的劳动，在 1844 年，伊里·豪终于制造出了一台针尖上带小孔的新型缝纫机。他将这台缝纫机作为生日礼物，送给了自己的妻子。

门外汉发明机关枪的故事

　　美国有个电气机械发明家叫马克沁，他小时候家里非常贫困，上到小学二年级时，家里就没有钱供他继续读书了。

　　马克沁15岁时，就进了一家工厂当学徒（图150）。但他非常好学，有一股强烈的求知欲。工作之余，他喜欢动手制作一些小机器。遇到什么自己弄不懂的地方，就向有关专家请教，或者自己查阅有关资料。

图150

　　在19世纪下半叶，美国贵族的时尚是玩枪。社会上层机构经常举办射击比赛。有一次，马克沁带着步枪参加比赛。他的射击成绩不很理想，而且步枪的后坐力把他的肩膀、前胸震得青一块紫一块。

　　比赛结束，马克沁就琢磨开了：这种步枪毛病不少，要是能改进改进就好了。

　　有了这种想法，马克沁对武器就产生了浓厚的兴趣，并决心发明一种新型的枪。

　　没过多久，马克沁准备制造一种自动化的连发枪，他向美国政府提出，希望他们给予支持。政府有关部门人员听说后，说马克沁对枪一窍不通，也能发明枪，简直是"异想天开"。

　　马克沁不仅没有得到政府的支持，反而被一些人嘲笑了一通。一气之下，马克沁来到英国伦敦，开办了一个小型制枪厂。他开始自己设计制造枪，他从减轻枪对射手撞击的后坐力入手，对步枪进行了重大改进。

马克沁利用部分火药气体，使枪自动完成开锁、退壳、送弹关闭等一系列动作，实现单管枪的自动连续射击。

经过一段时间的零件加工、组装，他终于在1883年研制出了自动步枪（图151）。

马克沁并不满足于已取得的成绩，他觉得自动步枪仍有一些不尽人意的

图 151

地方，比如射击的速度不够快，枪射击时震动太大等。他要在自动步枪的基础上，研制出更为理想的武器。

马克沁想：要让子弹射得快，首先要保证子弹的供应。于是，他设计了一种能把帆布弹带上的子弹推上膛的装置，每个帆布弹带上可以装250发子弹。

这种装置很快设计出来了，可他又发现，快射一阵后，枪管内的温度很高，枪管会被烧红，不将枪管温度降下来，这种装置就没有作用。

马克沁又进一步进行试验，失败了，他接着试。也不知试验了多少次，最后，他终于研制出了一种液体水套，包在枪管上。

图 152

马克沁解决了一个又一个难题，扫除了一个又一个障碍，终于发明了世界上第一枝机关枪（图152）。这枝枪重40磅，每分钟能射600发子弹。

有时，新的东西往往并不容易被人接受。为了宣传自己的新发明，马克沁带着重机枪，到各地表演。他每到一地，都引起了轰动。人们对机关枪的连续快速射击的性能赞叹不已。

后来，机关枪开始得到一些国家的重视。

在20世纪初的日俄战争中，俄军用上了重机关枪。战争中重机关枪发挥了巨大的威力，名声大振。

但是，重机关枪很笨重，使用起来很不方便。兵器专家对重机关枪进行改进，由此诞生了轻机关枪。

第一次世界大战结束后，又出现了一种两用机关枪。它是德国军事头目投机取巧的产物。

第一次世界大战以德国等组成的同盟国战败而画上句号。1919年6月28日，在巴黎凡尔赛宫签订的和约中，明确规定德国不得生产各种进攻性武器，其中包括重机关枪。

德国的军事头目野心不死，妄图重温旧梦，疯狂地进行扩军战备。

他们十分推崇机关枪，可是，他们又不敢过早地撕破和约。于是，就想出了一种投机取巧的办法，生产了一种表面上看起来是轻机枪，两脚一折又成了重机枪的"两栖机关枪"。

在一些兵器专家的帮助下，德国军事头目的愿望成了现实。由此，诞生了一种新式的机关枪——两用机关枪（图153）。

图153

修理工的发明

盛夏的7月，骄阳似火。在麦浪翻滚的田野里，农民们头顶烈日，挥汗如雨，收割着成熟的麦子。

劳累的人们常常会想：要是能有那么一台机器，代替手中的镰刀来收割庄稼，那该多好啊！

现代化收割机，将人们的梦想变成了现实，给农民们带来收获季节时欢快的福音。收割机的发明者是美国弗吉尼亚州的农民麦考米克父子。

早在1808年，有位名叫萨尔门的英国人发明了一种"收割机"。这种"收割机"实际上并不是机械，它不过是在长约60公分的木棒上安装上一排刀刃工具，仍然要用手来操作。甚至可以说，它的结构犹如好几把镰刀同时握在手中一样。

到了1826年，又有一个叫贝尔的英国人，他模拟剪刀的原理，制造出一种用马牵引的"收割机"（图154）。这种收割机开始跨入了"机械"的大门，但是，它实际上只能割而不能收庄稼。准确地说，贝尔发明的这种机械应该称为"割机"而不能算"收割机"。

图154

麦考米克父子是弗吉尼亚的农民，他们拥有自己的农场。父亲罗伯特·麦考米克在经营农场的过程中，开了一个专门修理农具的小店铺。农场里许多从事农业劳动的黑人，每到收获季节，他们就把磨损的收割工具拿到小店铺里来修理。这样，农具修理成了农场里新的行当。

在父亲的影响下，机灵活泼的儿子赛勒斯·麦考米克从小就和这些农具相伴，他常常动手和父亲一道修理破损的农具。

一天，老麦考米克看着眼前一大堆等待修理的农具，又想到农场里干活的一大群黑人，他心念一动：要是有一种机器能既快又省力地收割麦子，那该有多好啊！渐渐地，这个念头越来越清晰，并深深地在他心里扎下了根。他开始思索如何设计制作这种从来没有过的机械。

看到父亲不再像平常那样急着修理农具，而是整天摆弄那些不知名的机械，小麦考米克好奇心大发，他禁不住问父亲：

"爸爸，你老摆弄这些玩意干吗？"

老麦考米克说："孩子，我想设计一种能快速省力收割麦子的机械。叫什么名字呢？哼——对，就叫收割机。我想制造收割机。"

　　小麦考米克一听，可高兴了，他说："爸爸，我能帮你的忙吗？我一定可以的，对吗？"

　　老麦考米克点点头，说："你是聪明的孩子，当然可以帮上我的忙。"

　　于是，年仅10岁的小麦考米克参与了父亲的发明计划。父子俩携手开始试制收割机。

图 155

　　1816年，他们终于制成了第一台收割机（图155）。兴奋之余，他们怀着忐忑不安的心情，把这台收割机带到麦地里试验，试验结果并不理想。在人们的一片讽刺挖苦声中，麦考米克父子失败了。

　　16年后，小麦考米克长大了，变得越发聪明成熟了。他始终没有忘记儿时那个未曾实现的梦想，在心里默默地立下誓言：总有一天，我一定要研制出真正的收割机。

　　功夫不负有心人。麦考米克父子又一次携手合作，他们汲取了上一次失败的经验教训，悉心揣摩人的割麦动作，并参考贝尔的收割机加以改进，终于在1832年又试制出一台新型的收割机。

　　这台收割机需要一个人在前面赶着马，另一个人在后面操纵机器。它不仅能自动割麦子，而且能把割下的麦子自动抛向后方。跟随在收割机后面的农夫，只要从台上卸下麦子即可运回家中。

　　实际操作表演的那天，围得水泄不通的人们大为惊叹。没想到这部看似不起眼的机器，它收割麦子的效率竟然是人工的6倍！

　　后来，麦考米克给自己的发明申请了专利，他创办的收割机厂生意越来越红火，最后成了世界上首屈一指的农业机械公司。

　　今天，奔驰在广漠的田野上的联合收割机能够奇迹般地完成收割、打场、松地、播种等一系列任务，远非昔日麦考米克的收割机可比，但是，人们不会忘记麦考米克父子，是他们用双手掀开了现代农业机械发展史上新的一页。

捕捉雷电的人

在人类的愚昧时代，大自然的巨大威力常常被赋予神的属性，风、雨、雷、电、海潮、地震，都被认为是神的意志的表现。可是，随着人类逐渐开化，对天神的畏惧也渐渐消失。十七世纪以前，人们已经知道，毛皮摩擦火漆棒能产生一种特殊的现象，会在它们之间爆发火花，人接触到这种火花会感到震动，这种现象跟闪电有相似之处，于是人们称之为"摩擦生电"（图156）。

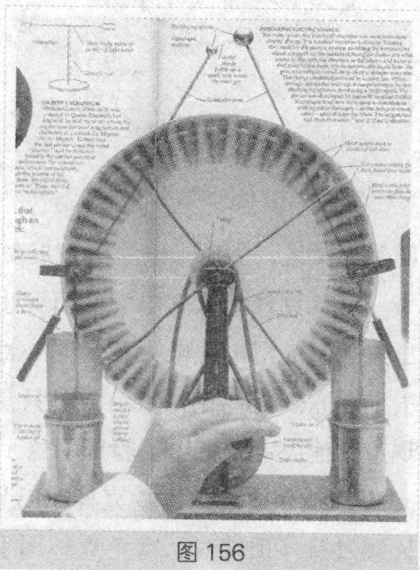

图156

1733年，法国科学家杜费第一次把丝绸摩擦过的玻璃上带的"电"和用毛皮摩擦过的琥珀上所带的"电"区分开来，把它们叫做"玻璃电"和"琥珀电"，指出它们具有同性相斥、异性相吸的规律。到了1746年，荷兰莱顿的慕欣勃洛克发明了一种瓶子，可以贮蓄摩擦出来的"电"，并用来作电的性能的实验。但是，人们对这种自然现象的本质还是一无所知。

图157

这个问题一直到了1749年，才由美国的富兰克林初步解决了（图157）。富兰克林是英国的移民，他父亲因逃避宗教迫害而来到美国，开办制造蜡烛和肥皂的手工作坊。富兰克林却不愿意继承父亲的产业，他在四十岁后，开始注意科学研究。这一年他第一次看到电学表演，接着又得到一套电学仪器。于是，他立刻把全部精力都投入到了电学实验中去。

富兰克林是一位物理实验的能手，又善于抓住关键性的问题。他在莱顿电瓶的研究中，发现所有的"电"都是统一的，而不是有所谓"玻璃电"

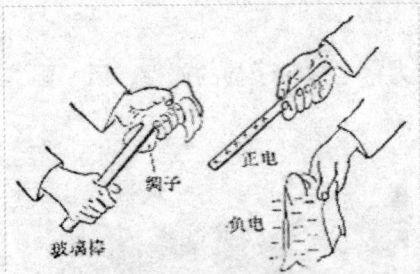
图 158

和"琥珀电"的区别（图158），至于它们表现出两种特性，是因为它们含有量的多少，富兰克林称它们为正电和负电。当正电和负电相接触，就会发出火花。他这种解释，是建立在当时的电学基础上的，是对静电性质的比较正确的解释，是电学史上第一个明确的学说，为后来电学的发展奠定了基础。

富兰克林对大气电学的研究也富有创造意义。二十多年前，就有人提出过天上的雷电跟电火花是同一性质的物理现象。但是，他们无法用实验去证明它。富兰克林坚信雷电只是一种自然现象，是大气中的强烈的放电现象，他决定亲自用实验证明这个道理。

1752年5月，富兰克林在巴黎作了一根四十英尺高的铁杆，当一片乌云飘过铁杆顶端时，富兰克林用手指接触铁杆，得到了像电瓶里一样的火花。这一实验证明了云里的雷电，跟电瓶里的"电"是同一种现象，他的理论初步得到了证实。

但是，四十英尺的铁杆太短了，它只能接触到低空的云层，而含有强烈雷电的是高空的云层，如果不能引导到那儿的雷电，这种实验还是说服力不强的。要把高空的雷电引导下来，人就要冒生命的危险，"朱庇特的霹雳"毕竟不是四十英尺高的乌云里的雷电，更不是电瓶里那种用摩擦法积聚起来的微弱的电。为了科学，富兰克林准备冒险尝试，甚至准备为此付出自己最宝贵的生命。

七月份，是一个多雷雨的季节。富兰克林在家里做着自己的实验仪器———一架可以高飞的风筝。他在风筝顶上，绑了一根尖铁棒；在长长绳子末端系了一只铁钥匙，他估计只要把风筝放到高高的空中，云层里的"电"就会通过打湿了的细绳传达到末端的铁钥匙上。

富兰克林的小儿子看到父亲在扎风筝，便好奇地问父亲扎了风筝有什么用。富兰克林笑笑回答说："下一次大雷雨降临时，你就会知道它有什么用了，你可以跟我去，我们要把它放到云里去呢。"

这一天，大雷雨终于在傍晚的时候降临了。乌云遮蔽着天空，四周很快暗起来，远处一阵闷雷过后，大雨瓢泼般倾泻到地面上。富兰克林按计划带着儿子来到郊外，开始放飞准备好的风筝。

风筝飞上天空，在大雨中上下翻腾，不一会儿，一阵狂风把风筝直送入云端（图159）。富兰克林和儿子站在一处茅棚下，拉住麻绳的末端，静观会发生什么变化。

图 159

不久，远处闪了一下，接着传来一阵轰雷声。这时候，富兰克林发觉，原来因为沾湿而紧紧绷直的麻绳，它的纤维忽然四散地伸张开来，像在跳着奇怪的舞蹈。他紧张地用手指接近系在绳尾的铁钥匙，只觉得手指像被针扎般发麻起来，在铁钥匙与手指之间，有一团火花在闪亮。

实验终于取得了成功。"神奇的风筝"把云里的电引到了地面（图160），引起纤维的运动，还迸发出电的火花，天上的雷电跟电瓶里的电完全没有什么不同。他从天上夺下雷电，把上帝和雷电分开了。

根据这次实验，富兰克林发明了避雷针（图161）。避雷针能把高处的雷电直接引向大地，避免了云层中的强烈的电跟建筑物之间造成猛烈的

图 160

图 161

放电，从而避免了强烈的电火花造成的火灾和对人身的伤害。

虽然在不久以后，富兰克林中止了他的科学实验，全身心地投入了争取独立的斗争中。但是，他在短短的八年中进行的电学实验，为人类作出了巨大的贡献，特别是他那种为科学事业不顾生命安全，用身体去试验雷电的精神，人们是永远不会忘记的。

逼出来的发明

19 世纪 80 年代，在美国人口调查局，有一个名叫霍列瑞斯的工作人员。他对电学很感兴趣，业余时间总喜欢摆弄电器。附近工厂或别人家里电器出了什么故障，常常请他帮忙修理。经他之手，不知有多少电器"起死回生"。

可是，有一段时间，霍列瑞斯工作忙得不可开交（图162），再也没

GAIBIAN RENLEI SHENGHUO DE FAMING

有时间摆弄电器了。堆积如山的人口调查资料，使他望而生畏。要知道，这里面的工作量非常大。单就年龄来说，划分成10个大类：5岁以下、6～10岁、11～20岁、21～30岁……直到80岁以上。人口统计员必须将人口调查表上填写的年龄进行分类，然后，再统计不同年龄段的人数。

霍列瑞斯起早摸黑地干了几个月，只"啃"出"山"下的一个小缺口。霍列瑞斯被那沉重的"大山"压得吃不香，睡不好，感到十分苦恼。

图 162

一天晚上，一位同样爱好电器的朋友来霍列瑞斯家串门，他问霍列瑞斯："最近你怎么失踪了？都没有见到你搞电器了。"

"哪里还有时间玩电器。工作上忙得不可开交。"

朋友说："要是能把爱好和工作结合起来，那该多好啊！"

"世上哪有那么美的事。"

"不过，真的，你可以设计一个电器，让它替代你工作，让它来统计资料。"

霍列瑞斯听了，说："这主意不错，只是不大现实。"

"这完全可能，比如：你可以让每个接受调查的人都使用相同规格的硬纸卡片，按照不同的个人情况在不同的位置上穿孔，然后使用一种特殊的机器把这些信息读出，并加以统计。"

"你说得不错，能不能具体些？机器要怎么设计？"

朋友耸耸肩，说："这……我就不懂了。"

这位爱好电器的朋友的一番话，给了霍列瑞斯极大的启迪。让机器代替人进行统计工作，确实是一个诱人的设想。用穿孔卡片帮助统计的思路也很有道理。可是，如何设计机器才能使它能辨别出孔所在的不同位置呢？

图 163

霍列瑞斯想起了提花编织机上穿孔卡的做法（图 163）。那是 1728 年，法国工程师法尔康在研制自动提花编织机时，设计了一连串长长的穿了孔的卡片，让卡片转动，使得那些与卡片上的洞眼正好对着的织针顺利通过，而对不上的织针通不过。这样，纱线就织出了设计的花纹。看来，利用这种穿孔卡片技术是可行的。

1888 年，霍列瑞斯沿着这一思路，采用弱电流技术，发明了制表机。这种制表机由接受压力机、继电器、计数器、分类盒、电池等 5 个部分组成。

这种制表机的工作原理十分巧妙：穿孔卡片固定地放在压力机的底部。在卡片每个可能穿孔的地方的下面都有一个水银杯，在水银杯中通上弱电流。在压力机可移动的上部有与水银杯相对应的装有弹簧的金属棒。工作时，转动摇把，放下压力机上部，使其与卡片接触。此时，没有穿孔的地方，金属棒无法与水银杯接触，不能形成回路。有穿孔的地方，金属棒与水银杯接触，形成回路；接通的弱电流使继电器吸合，产生大电流；大电流使相应的计数器加一。这样就可以完成这个项目的统计工作。

经过试用，证明制表机可大大提高统计率。

1890 年，它被正式用于人口统计工作。这一年共有 6300 万人的调查资料，霍列瑞斯和他的同事仅用一个月就完成了统计制表工作。而在 1880 年，仅进行 5000 万人的资料统计制表工作，就花了长达 7 年半的时间。

制表机大大减轻了人工统计员的工作量，解除了他们由此而产生的苦

图 164

恼（图 164）。很快，它风行世界各地，奥地利、加拿大、挪威等国都相继采用制表机进行人口统计工作。

制表机的诞生，其意义远远不在于它的实际应用价值，而在于给了后来计算技术的研究者重要的启示：穿孔式计数方式和继电器在计算技术领域大有发展前途。难怪人们称赞霍列瑞斯"为计算机的发展打开新的一页"。

宇宙飞船的发明

20 世纪中叶，世界各国有志于探索宇宙奥秘的科学家们，都在试图研制一种能载人在太空中遨游的飞行器——宇宙飞船。

在这一领域中，苏联和美国走在了世界各国的前面。20 世纪 50 年代，苏联政府拨出大量资金作为宇宙飞船的研制经费。成千上万的科学家、航天技术专家聚集在一起，研究外层空间的飞行、宇宙飞船材料和结构等技术。他们考虑的问题，大至宇宙飞船的模型设计，小至宇航员上的厕所结构。要在茫茫的宇宙中航行，任何的细节问题都马虎不得的。

经过众多科学家的努力，人类历史上的第一艘宇宙飞船诞生了！它是由球形密封座舱和圆柱形仪器舱组成，除了具备一般人造卫星基本系统设备外，还设有生命维持系统、重返地球用的再入系统、应急逃逸系统及回收登陆系统等。

1961 年 4 月 12 日，这艘名为"东

图 165

方1号"的宇宙飞船，载着苏联宇航员尤里·加加林，在空间绕地球一圈（图165），飞行了1小时48分钟，在"东方1号"宇宙飞船返回地面前，抛掉了末级运载火箭和仪器舱，只剩下座舱单独进入大气层，当座舱下降到离地面只有7公里时，飞船座舱弹出宇航员，然后，宇航员用降落伞单独着陆。

"东方1号"宇宙飞船的航行成功，意味着人类已经可以飞出地球，到宇宙空间中航行了。广大的科学家也深受鼓舞，以更大的热情投入到宇宙飞船的研制中去。

1961年8月6日，苏联发射了"东方2号"宇宙飞船。这艘飞船在空中飞行了25小时18分钟，飞行距离达70万千米。宇航员盖尔曼·季托夫，在空中失重的状态下，品尝了装在食品管中的宇宙食品，还美美地睡了一觉。

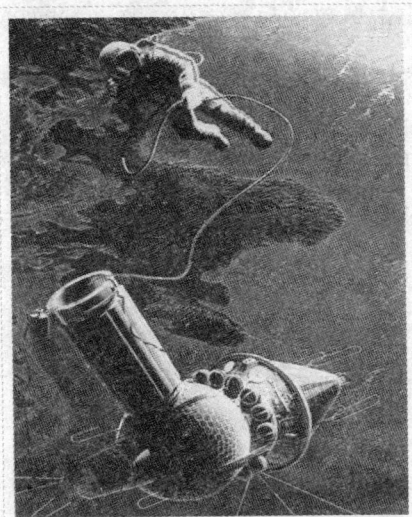

图 166

接着，苏联在1962年8月11日，发射了"东方3号"、"东方4号"宇宙飞船。在1965年3月18日，发射了"上升2号"宇宙飞船，都获得了成功（图166）。

与此同时，美国也抓紧宇宙飞船的研制工作。美国政府对于苏联成功地发明了宇宙飞船感到愤愤不平，他们决心不惜一切代价，制成更好的宇宙飞船，载人飞到月球上。

在多次成功和失败的研制、发射基础上，美国终于制成了"阿波罗11号"宇宙飞船。这艘宇宙飞船长25米、重45吨。在飞船内，有3把靠椅，在靠椅的上方，安装了各种控制飞船的仪器。用于发射"阿波罗11号"的三级火箭有85米长，重达2700吨。这个巨大的工程耗资达240亿美元，有40多万人参加了它的研制工作。

1969年7月16日，在美国肯尼迪航天中心，发射了载有3名宇航员的宇宙飞船。"阿波罗11号"升空后，先用两个多小时绕地球一圈半，然后飞向月球（图167）。又经过73小时的飞行，宇宙飞船于1969年7月20日到达月球。

图167

到达月球后，宇航员阿姆斯特朗和奥尔德林乘坐登月舱登月，而宇航员科林斯则继续驾驭指令舱绕月球飞行。

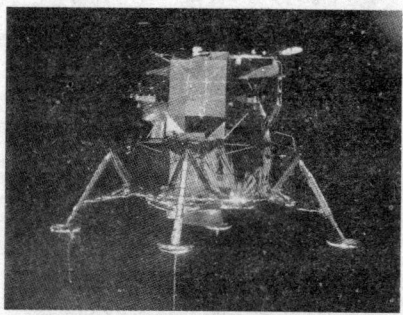

阿姆斯特朗和奥尔德林在月球上做了一系列的实地考察，并采集了22公斤重的月球上的岩石和土壤标本。它们在月球上逗留了21小时18分钟后，驾驭登月舱进入轨道。然后，登月舱与科林斯驾驶的指令舱对接起来，又形成了完整的飞船，向地球飞去。

"阿波罗11号"宇宙飞船登月的创举，震动了全世界，人们欢呼人类这一伟大的胜利。

阿姆斯特朗在一次回答记者时说："对个人来说，跨到月球虽然是极小的一步，而对人类来说，却是极大的一步。"

确实，从宇宙飞船的诞生到逐步完善，以至将人载到月球上"走"了一趟，是人类跨出的伟大的一步。

局外人的发明

世界上绝大多数的发明创造，都是发明家们殚精竭虑的结果。还有一些发明却是无数的局外人从自己的生活和劳动过程中积累的经验总结出来的。用人力驱动的自行车，便是在局外人手中诞生的（图168）。

自行车的发明者，不是哪一位充满睿智的科学家，也不是专心致志改

图 168

良机械工具的技师，而是一位普普通通的守林人。他名叫德莱士，在德国的巴登地区的一个林区里，担任值勤的森林监督。

当一名值勤的森林监督，可不是一件轻松的事。他必须长年累月地奔波在茫茫的林区，每天把自己管辖的地区走上一圈，看一看昨天在森林里宿营的人有没有把篝火熄灭；观察一下枝头上有没有病虫害发生；关心一下山路是不是发生了坍塌。万一发生了险情，还得长途跋涉，去管理中心报告，带着抢险人员回到出事地点处理险情。每遇到这种麻烦，在荒山野岭餐风宿露是免不了的。

好在德莱士除了勤快之外，还有一个优点，他爱动脑筋。为了使自己每天的路程变得规律，他按照自己行进的速度，在每一个不得不休息一下的地方，布置一个自己的天地。或者是一块平坦的大石头，供人坐下歇息一会儿；或者在靠近小溪的地方，安排一个"桌子"，让自己进餐时方便许多。总之，每休息一次，他便思念起下一个休息地来，崎岖的山道也就不再那么乏味。可惜的是，无论哪一个休息地，都得用双腿走着去，真是没办法。

这一天，德莱士又来到了一个休息地点。这是个向阳的平缓的坡地，坡地的中间，横放着一段圆木，用两块石头卡住。坐在圆木上，面对绿茵茵的草地，放眼远处的林海，吹着扑面的凉风，真是惬意极了。

今天的天气真好，德莱士一点也没感到吃力，坐到圆木上，他不由自主地吹起了口哨（图169）。好一曲土风舞曲，和着节拍，他两腿忍不住踢跶起来，"一、二、三、四，前进后退⋯⋯"年轻的时候，他是个出色的跳舞能手，他跟自己的太太，就是在舞会上认识的。

想到那些至今尚令人心醉的夜晚，德莱士的身子不觉晃动起来，身下的圆木也随着前后滚动。也不知道是不是他晃动得太厉害了呢，还是脚跟无意中蹬飞了卡着圆木的石块，那段圆木突然沿着斜坡向下滚动起来，带着德莱士往山坡下面滚去。

这可麻烦了，德莱士拼命平衡着身子，两脚蹬地，尽量阻止圆木下滑。幸亏山坡不算陡峭，一排小灌木又帮了大忙，圆木在滑下一段距离后，终于停了下来，把德莱士吓出了一身冷汗。

德莱士回到坡上，回头望了望那

图 169

段圆木，突然奇想顿生。刚才坐在圆木上，坐也坐不住，跳也跳不开，真尴尬。但是假如坐在椅子上，底下装上木轮子，再用双腿控制轮子的滚动，那就舒服多了。咦，那不是能够代替走路了吗？平地上用双腿踩地，让木轮滚动，总比走路省力；山坡上木轮往下滚动，那速度一定更快，只要不是在险峻的山路上，这办法肯定能代步呢。

有了制造代步机的想法，德莱士便像着了魔一般，每天回到家便敲敲打打，干起木匠活来。他造了一个座椅，在前后各装上两个轮子，又在座椅前装上一根横木。整个椅子不高不低，正好让他舒舒服服坐着，两手撑着横木，双腿可以蹬着地面。

代步机造好了，德莱士便到大道上去试验（图 170）。他稳稳坐在椅

图 170

子上，双手扶横木，两条腿一左一右蹬踩地面，椅子两旁的木轮便滚动起来，带着他飞快地往前行。几位小青年吹起了口哨，撒开双腿在后面追赶，大声问他："德莱士先生，您坐的是什么玩意儿？"德莱士见他们气喘吁吁在后边奔跑，离自己越来越远，便大声回答："它叫奔跑机，你们可想试试？"

有两个人确实也想坐坐德莱士的"奔跑机"，便在后面拼命追赶。可是，这时德莱士正奔跑在一道斜坡上，德莱士只需用双腿控制住方向，那奔跑机飞一般把小青年们甩得老远，只留下他高兴的笑声。

德莱士的"奔跑机"上路之后，立即引起别人的嗤笑。有人嫌它颠簸得厉害，一路上把坐着的人骨头都震散了；有人说德莱士骑着奔跑机，双腿一前一后甩动，活像一只在水面凫水的鸭子。

但是，它毕竟是件完全不用马拉的车子，形体又小，到处可以去。德莱士的新玩意儿逐渐风靡了乡间城镇。人们在仿制的过程中，又把前边的轮子改成一个，在木轮上装了脚蹬，坐车的人双脚离地，再也不要像鸭子那样"凫水"了。

图 171

可是，那机器确实震得人骨头疼。怎样改进它呢？又有一位局外人，英国的邓禄普医生，在轮子上装了充气的轮胎（图 171），这一下，坐在上面的人就不再感到震动了。

自从 180 年前，一位与机械绝对不相干的人造出了第一架步行机后，无数的局外人又对它进行了改造。他们虽然并不以制造机械为自己的职业，但他们的点点滴滴的改进，促进了自行车的发展。当你骑着自行车奔驰在大道上的时候，千万别忘了，正是这些点点滴滴的改进，推动了自行车制造的最终成功。

法利德别尔格发明糖精

1879 年的一天早晨，一轮火红的太阳从东边升起，阳光洒满大地。这是一个好天气。这一天，是俄国化学家法利德别尔格的生日（图 172）。一大早，他的妻子娜塔莎就忙开了。因为她已决定为丈夫准备一个生日宴会，让朋友们来聚一聚。

法利德别尔格洗漱后，简单地用过早餐，就准备去美国巴尔的摩大学实验室上班了。他临出门时，娜塔莎叮嘱道："您可得早点回来，不然客人来了我可忙不过来。"

到了实验室，法利德别尔格就忙开了。今天，他要对前一段时间做的几个药剂的结果进行鉴定。只见他检测完一个药剂，就从口袋里掏出铅笔，在实验记录簿上记下数据。接着，又检测另一个药剂……

图 172

渐渐地，太阳落山了，暮色笼罩大地。法利德别尔格还在实验室里忙着。他早已把生日晚餐的事抛到了九霄云外。

"当当当……"墙上的钟敲起来了。"糟糕！怎么给忘了，已经 6 点了。"这时，法利德别尔格才恍然记起妻子的嘱咐。于是，他草草地洗了手，披上外衣，将铅笔插在口袋，便直奔家里。

快到家了，法利德别尔格觉得今天家里的烛光特别亮，依稀听见朋友们的欢笑声。他知道妻子举办生日宴会的目的，心底涌起一种温馨的感觉（图 173）。

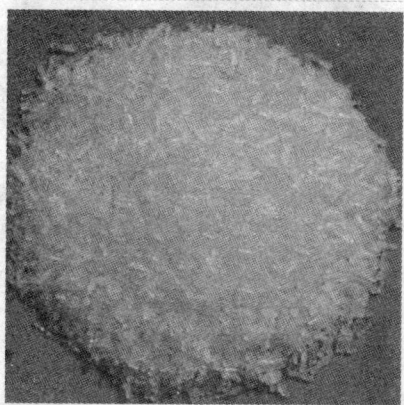

图 173

法利德别尔格推开门，笑眯眯地说道："对不起，各位女士、先生，让大家久等了。"

"大科学家嘛，可以理解。"

"祝您生日快乐。"

客人们站起身围着法利德别尔格，连连祝贺着。

法利德别尔格跟客人们寒暄了几句后，便帮助妻子将酒杯、餐具及一盘盘菜肴摆上桌，一切准备完毕，法利德别尔格便宣布："诸位，请入席，边吃边聊。"

夜幕降临，生日宴会在烛光中开始了。法利德别尔格高兴地与朋友们交谈着。

忽然，一位朋友说道："这香酥鸡块好甜。"

"这甜牛排别有风味！"另一位也说道。

"娜塔莎的手艺还真不错。"这一位朋友夸奖地说道。要知道，鸡块、牛排一般是不放糖的。

法利德别尔格心里直嘀咕："娜塔莎今天怎么了？甜鸡块、甜牛排，莫非她也要搞试验？"

晚餐结束，朋友们走后，喜欢打破砂锅问到底的科学家向妻子问起甜鸡块的事（图 174）。娜塔莎说："我也觉得奇怪，我并没有放糖啊！"

"这是怎么回事呢？"法利德别尔格心想一定要弄明白。他检查了厨房的用品以及餐具，都没有发现什么异常现象。他舔了舔盘子的边缘，盘子的边缘是甜的。奇怪？盘子为什么会甜呢？法利德别尔格想了想，又舔

图 174

了舔自己的手，发现自己的手特别甜。于是，他从口袋里取出那只从实验室带回的沾满实验药剂的铅笔，用舌头一舔，觉得甜得受不了，连忙吐了一口唾液。

"娜塔莎，我知道了，问题出在铅笔上。"法利德别尔格恍然大悟道："原来是我的铅笔把甜味传到我手上，我手上的甜味又传给盘子。这说明，我的实验室里有一种东西味道特别甜。说不定，这种东西可以作为糖的代用品，我要去查个究竟。"

法利德别尔格连夜赶到实验室，点上煤气灯。他一个一个地检查药剂。最后，他在检查那瓶下午最迟检测的药剂时，发现它有一种比糖不知甜上多少倍的甜味。它的化学名称叫"邻磺酰苯酰亚胺纳"。

这个偶然的发现，给法利德别尔格指明了一条研究大道。从此，他集中全部精力，奋斗几个月，从又黑又臭的煤焦油中提炼出了一种特别甜的白色晶体。

经过鉴定，确认这种晶体要比蔗糖甜 500 倍。它除了在味觉上引起甜的感觉外，对人体没有营养价值，但也没有什么特别的毒害。因此，比较适合作为甜味剂。他把这种白色结晶叫做"糖精"（图 175）。

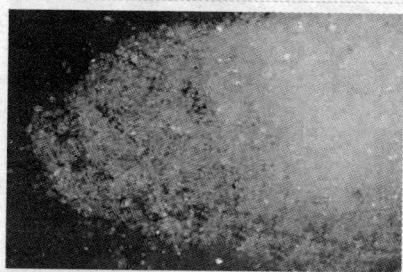

图 175

1879 年，法利德别尔格在美国获得了发明糖精的专利权。1886 年，他迁居德国，并在那里建立了世界上第一个糖精厂。法利德别尔格由于发明了糖精，在化学界和食品界赢得很高的声誉。

传真机的问世

1842 年，英国的贝思提出一个设想，即通过电路传送图像、文字等。他做了各种实验，但是，由于各种条件的限制，他的实验没有取得成功，他的设想也成了空中楼阁。此后的 40 年里，传真通信技术并没有取得什么重大发展。

图 176

1883 年，在大学读书的保尔·尼泼科夫格外喜欢通讯技术。他在学好学校课程的前提下，几乎把所有的时间都花在阅读有关的电学知识的书籍上。他特别崇拜莫尔斯、贝尔等发明家（图 176）。

在尼泼科夫看来，电报、电话简直太神奇了。他想：电报能传送人的意图，电话可传送人的声音，可不可以发明一种传送图像的装置呢？

那么如何使有关图像的信号发出去，还能在远方留下来呢？尼泼科夫苦苦地思索着。

一天，课余时间，尼泼科夫在教室里尝试设计一种传真装置。忽然，他看见左右邻桌的两位同学正做一种游戏：他们桌上各放着一张大小相同的纸，纸上画满了大小相同的小方格。在尼泼科夫右侧的同学在纸上写了一个字，然后按照一定的顺序告诉对方哪一个小格是黑的，哪一个小格是白的，对方按照右侧同学发出的指令，或用笔将小方格涂黑，或让它空着。这样，待对方同学将全部小方格都按指令处理后，纸上便出现了与右侧同学写的相同的字。

尼波科夫看着看着，不禁喊道："真是一个好办法！"

尼波科夫发现：任何图像都是由许许多多的小黑点组成的。如果把要传送的图像分解成许多细小的点子，借助一定的科学方式把这些点子变成电信号，并传送出来。那么，接受的地方只要把电信号再转化为点子，并把点子留在纸上，不就实现了图像的传真了吗？尼波科夫决定实施这一方案。

首先，必须将图像分解成许多的点子。尼波科夫想起儿时玩过的风车。受此启发，他研制出了一个扫描装置：在图像前，紧挨着放置一个可转动的螺旋穿孔圆盘，在圆盘前面安装一个电灯。这样，当光穿过不断运动的孔时，受图像明暗的影响，光有时候亮，有时候暗。

接着，要把变化的光信号变成变化的电信号。这个"任务"由光电管承担是再合适不过的了。因为光电管能根据光的亮度产生相应的电流。发送装置就这样大功告成了（图177）。接收装置只要像电报机电码的复原一样，采用与发送相反的方式就行了。

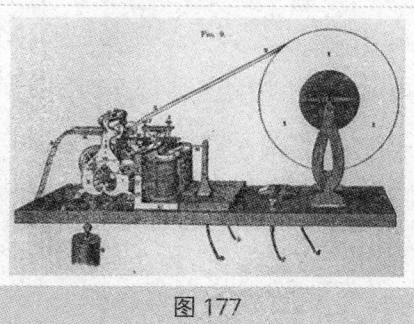
图 177

经过一段时间的制作，尼波科夫做成了圆盘式传输装置。他还申请了专利。那时，受当时电子科学技术发展水平的限制，这台圆盘式传输装置的传真效果还不理想，但它为后来研究者指明了研究方向。

后来，美国的格雷、英国的考珀也在传真装置的研制上取得卓越的成绩。在汲取许多科学家研制成果的基础上，美国无线电公司于1925年研制出了世界上第一部实用的传真机（图178）。

这部传真机由发送机和接收机组成。发送机上安装有一个滚筒，滚筒的前方有一个强光源的灯，灯的前面有一个透镜。另外，在发送机上还有光电管等电子部件。接收机上也安装有滚筒，以及放大电信号、还原光信号的装置等。使用时，将发送的图像卷在滚筒上，灯发出的光被透镜聚集成一点，照射在图像上。受图像上画面明暗的影响，反射出强

图178

弱不同的光。这种光再射到光电管上，形成强弱不同的电流，然后将电流传送出去。接收机收到电信号后，经过放大、还原、记录等处理，就把远方来的图像留下了。这部传真机已经有一定的实用价值了！

后来，随着电子技术的进一步发展，出现了摄影管、电子束管等先进电器，再后来激光技术也得到应用。这些新电器、新技术在传真机上的应用，使传真机的传送图像清晰度和速度等技术性能日臻完善。

冰淇淋的故事

现在人都知道冰淇淋，夏天口干舌燥，要是吃上一口，那可舒服极了。人们知道冰淇淋是用冰箱等制冰工具制成的。可是，在3000多年前，没有制冰工具，冰淇淋是怎么制出来的呢？那时，我国人民就想到：在严冬，将冰块放在罐瓮里，埋在岩洞或地窖中，到了炎夏时取出来享用。当然，这样做要花费大量的人力物力，一般的老百姓甚至高官也没有这个口福，只有帝王才有权享用。

到了唐末宋初，火药开始从炼丹家的炼炉中走出来，在战场上大显身手。火药的主要成分之一是硝石，它是一种白色味苦的晶体，是矿产。它喜欢在低温的墙脚下"呆着"，颜色如霜，因此又被称为"墙霜"。人们在无意中发现硝石溶解于水时会吸收大量热量，使水温降低，甚至结冰。

有人想到：利用硝石的这种特性，在夏季制作冰饮料，也许可行。他们将糖和一点香料溶在水中，然后将水放入罐内，取一个大盘，在盘内盛上水，将罐置于盘水内，不断在盘中加入硝石，结果罐内的水结成冰。尝一口，又香又甜，直冷到肚子里。

到了元朝，开国皇帝忽必烈在盛夏季节，同以往的帝王一样，常常享用这种冰冷饮。1275 年，意大利人马可·波罗来到中国（图179）。他常常被忽必烈召进宫，讲述欧洲年国的历史、风俗和现状，忽必烈常常听得津津有味。高兴之余，忽必烈就将冰冷饮赏给马可·波罗。马可·波罗觉得这东西既解渴，又好吃，于是，便花费重金学会了制作冰的技术。

图179

马可·波罗回到意大利后，许多亲朋好友来看望他，向他打听关于东方古国——中国的种种传奇故事。马可·波罗向客人介绍说："中国，是一个神奇的国家，它的文化博大精深。单吃的方面，就有数不清的美味佳肴，其中有一种夏天吃的冰，味道很不错。"

图180

众人听了头直摇："夏天吃冰，不可能，不可能！"马可·波罗也不争辩，只是用自己学来的制冰的方法，做出了冰冷饮。客人吃了，连声叫好。就这样，冰冷饮料就在意大利流传开了。

意大利有个名叫夏尔信的人，开了一家制作冰冷饮的小店铺。小店铺生意兴隆，夏尔信赚了一些钱，决定增加冰冷饮的品种。他尝试在马可·波罗的冰冷饮的配方中，加入果汁、橘子汁、柠檬汁等，结果制出的饮料口感更好。这种冷饮问世后，深受人们

145

的欢迎，人们把它叫做"夏尔信饮料"。"夏尔信饮料"在意大利刮起了一股强大的旋风，许多欧洲人以品尝"夏尔信饮料"为荣（图180）。"夏乐信饮料"在欧洲很快地传播开了。

15世纪中叶，法国有一位皇后叫卡特琳，她总喜欢吃些新花样的食物。她的厨师为此常常在各种菜谱的基础上，绞尽脑汁变换花样。1506年夏季的一天，皇后要吃冰冷饮。厨师突发奇想，在制作冰冷饮时，把奶油、牛奶和各种香料掺杂到水中，使其冷冻成半固体状态，然后刻上花纹，装饰上花边，冰淇淋就这样诞生了。据说皇后吃了这种冷饮，赞叹不已，还重赏了那位厨师。不久，法国皇后的厨师发明的冰淇淋，走出了皇宫，走出了法国，传到了意大利等国家。此后，冰棋淋还不断得到改进。

意大利有一位商人叫卡尔罗，为了吸引顾客，招徕生意，别出心裁地采用果汁、牛奶等配料，做成黄、绿、白等颜色的冰淇淋，他把它叫做"三

图181

色冰淇淋"（图181）。这样，冰淇淋色香味俱全，一推出市场，就被抢购一空。卡尔罗还在英国申请了三色冰淇淋的专利。

到了1890年，在美国威斯康星州，商人史密森又发明了圣代冰淇淋，使冰淇淋家族又多了一个新成员。说来有趣，史密森的发明纯属偶然。

有一个星期天，许多人到史密森店铺购买冰淇淋。眼见冰淇淋所剩不多了，可店门口依然排着长队。史密森急中生智，偷偷地在剩余的冰淇淋中，掺入巧克力和水果汁，并将它们搅拌均匀。史密森战战兢兢地将"造假"的冰淇淋售给顾客。没想到，第二天，顾客称赞他昨天冰淇淋做得特别好，并要购买"昨天那样的冰淇淋"。

从此，史密森专门生产这种混合冰淇淋。要推向市场，必须给它起个名字。他把这种冰淇淋叫做"星期天冰淇淋"，因为是那个星期天给他带

来的好运。

这个名字一公开，立刻遭到教会的反对，理由是星期天是耶稣的安息日，用这一天作商品名是对神明的亵渎。于是，史密森只好将星期日改为圣代（图182）。

时至今日，冰淇淋的品种仍层出不穷……

图182

预言成真

17世纪60年代，英国有个大生物家提出一个预言：未来，人类也许会用人工的办法，像蜘蛛一样生产丝。18世纪30年代，法国科学家卜翁就对蜘蛛的吐丝过程做了一番研究。通过解剖，他发现蜘蛛腹内有一个"纺织腺"。专门用于制造和贮存吐丝用的粘液。卜翁想：只要有足够多的粘液，就会生产出"人造丝"。于是，他捕捉了上万只的蜘蛛，将它们的粘液取出来。然后，将粘液装入针筒。他用力一压针筒，就可生产出细丝。卜翁用这种人造蜘蛛丝编织了一副手套。可这蜘蛛丝十分脆弱，还容易断，一见火就会熔化。人们觉得，无论从产品实用性还是代价来看，这种方法都是行不通的。

后来，有人注意到了蚕。蚕吃进的是桑叶，吐出来的是丝，它是怎么把桑叶变成蚕丝的呢？1855年，瑞士化学家奥蒂玛斯进行了这方面的尝试。他将桑叶放在含氮的浓硝酸以及浓硫酸混合液中，不一会儿，桑叶就溶化了，形成一种毛茸茸的东西。他又将毛茸茸的东西溶解在酒精和乙醚混合液中，果然得到一种粘稠的液体。接着，他将液体装入针筒，用力一压，

147

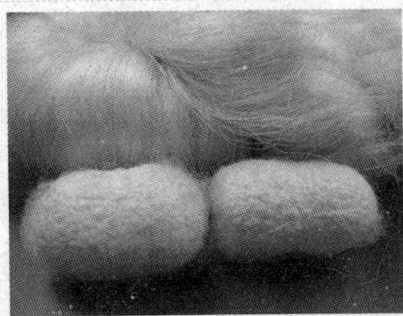

图 183

针头吐出了一根长长的丝。奥蒂玛斯高兴极了，他基本上把桑叶变成了"蚕丝"（图 183）。不过，这种"蚕丝"还是没有什么实用价值。

1884 年，法国有个科学家叫柴唐纳，工作之余他喜欢摆弄相机。一天，他在冲洗自己拍摄的照片时，无意中发现照片的底片会溶解在酒精和乙醚的混合液中，形成一种粘稠的液体。柴唐纳想起了科学界关于发明人造丝的难题，他想没准这里面有文章可做。因为那时照片的底片是用硝化不完全的硝化纤维制成的，而用于制造硝化纤维的硝酸含氮，可以溶化桑叶、棉等。想到这儿，柴唐纳便用针筒装上液体。一试，针头喷出了一根细细的丝！这是世界上第一根真正的人造丝（图 184）。

由于当时那种硝化纤维是一种威力极大的炸药，因此，柴唐纳刚发明的丝遇火很容易爆炸。他经过反复试验，制成了一种安全的硝化纤维。用这种硝化纤维制成的丝就不会爆炸了。可以说，英国大生物家的预言基本成真了！

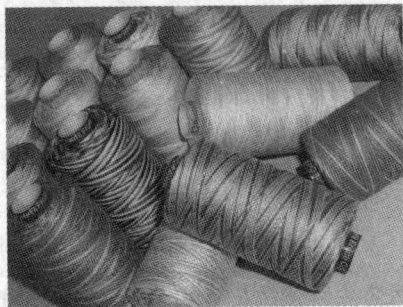

图 184

1889 年，柴唐纳发明的人造丝在英国伦敦的国际博览会上展览，得到人们的好评。1891 年，柴唐纳在法国卡维市创办了第一个人造丝工厂。此后，人造丝织成的衣服渐渐在上层社会流行起来。

就在这时，发生了一件不愉快的事：在法国巴黎一位贵族举行的盛大宴会上。一位公爵夫人穿着一套人造丝织成的白礼服，显得格外清丽夺目。参加宴会的宾客们对公爵夫人的衣服赞叹不已。谁知，公爵夫人不小心，碰到一个先生的香烟时，"哧——"的一声，整件礼服燃烧起来。这位夫人终因烧伤过重，抢救无效而死去。

这件事使柴唐纳声名狼藉。事后，柴唐纳潜心攻克人造丝的易燃问题，一直找不到好办法。后来，法国化学家夏东奈特发明了一种方法：将人造丝放在硫氢化铵溶液中浸泡。这样，人造丝就不容易燃烧了。这种不着火的人造丝虽然安全了，但它没有原来那么好看了。而且制造人造丝的成本又增加了，科学家们试图研制更好的人造丝……

这时，德国的化学家布伦内和弗梅查利也在潜心研究人造丝。他们查阅有关文献时，发现了一篇德国化学家许维茨的论文。文中写道：一次，他正在做实验，不小心把一杯铜氨溶液打翻，他用药棉去吸取溶液，结果棉花缩成一团，并且变得很粘稠。布伦内和弗梅查利看到这篇文章后，高兴得叫起来。他们将一团棉花放入铜氨溶液，果然，不一会儿，棉花消失了，溶液变稠了。

怎样让丝更坚固些呢？这两位化学家，想起了中国的烹调艺术中生产粉丝的工艺，立刻将淀粉装在有许多小孔的铁筒里，然后将淀粉挤入一锅沸腾的水中，这样经过沸水的粉丝条就变硬了。

布伦内和费梅查利按这思路，反复试验，终于找到使丝变坚固的溶液——氢氧化钠。这样，经过氢氧化钠处理的铜氨人造丝就可以织布了。但是，用于制作铜氨人造丝的原料是优质棉绒，无法满足大批量生产的需要。美国化学家劳鲁斯和贝文想：能不能用木材等作原料制造人造丝呢？

木材等植物中的许多成分不适宜制造人造丝，而且木材等植物中的纤维质量较差。因此，必须用一种合适的溶剂对木材等植物进行处理。劳鲁斯和贝文整整找了3年，才找到了理想的溶剂叫三硫化碳。

1892年，劳鲁斯和贝文发明了一种新型人造丝，人们称它为"粘胶人造丝"（图185）。它的质量比以前的人造丝要好许多，更重要的是它的原料丰富。

人造丝发明的"接力棒"的传递并没有中止。后来，德国化学家秀吉贝尔发明了醋酸人造丝。这种人造丝的质量与粘胶人造丝不相上下，在之后的几十年里二者难分优劣。

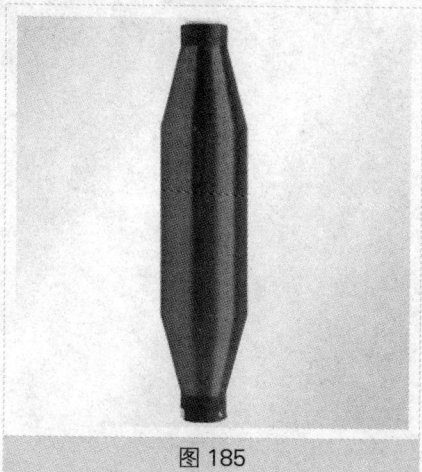

图185